城市公园绿地有机更新研究

刘 源 著

中国建筑工业出版社

图书在版编目（CIP）数据

城市公园绿地有机更新研究 / 刘源著. — 北京：中国建筑工业出版社，2018.6
ISBN 978-7-112-22131-8

Ⅰ.①城… Ⅱ.①刘… Ⅲ.①城市公园—绿化规划—研究 Ⅳ.①TU985.12

中国版本图书馆CIP数据核字（2018）第082681号

本书包括：绪论、国内外城市公园绿地更新研究综述、城市公园绿地有机更新基础理论及构建、城市公园绿地有机更新可持续性发展研究、城市公园绿地有机更新整体性发展研究、城市公园绿地有机更新特色性发展研究、城市公园绿地有机更新生态性发展研究、城市公园绿地有机更新双赢性发展研究、结语等内容。

本书可供从事园林绿化工作的技术人员、管理人员使用，也可供大专院校师生使用。

责任编辑：胡明安
书籍设计：京点制版
责任校对：王宇枢

城市公园绿地有机更新研究
刘　源　著
*
中国建筑工业出版社出版、发行（北京海淀三里河路9号）
各地新华书店、建筑书店经销
北京点击世代文化传媒有限公司制版
北京富诚彩色印刷有限公司印刷
*
开本：850×1168 毫米　1/32　印张：7⅝　字数：201千字
2018年6月第一版　2018年6月第一次印刷
定价：60.00元
ISBN 978-7-112-22131-8
（32030）

前言

历史进入21世纪初叶，生态文明的浪潮席卷全球。城市绿地系统的更新建设特别是城市公园绿地的更新建设作为现代文明的标志，在各地城镇化建设中日益处于举足轻重的地位。现今，传统模式的城市公园绿地面临着空前危机，呈现“综合老化”现象。长期以来，中国城市公园绿地更新不乏成功的案例。但总体看来，对于城市公园绿地更新的研究还没有达到完整的系统层次，一般仅停留在微观的物质要素更新，更新过程中存在的诸多理念误区、操作失误等缺憾，使得城市公园绿地不能充分发挥其多元效益，维持长久生命力。传统的城市公园绿地更新理论和方法，已经难以满足现代需求。因此，城市公园绿地有机更新研究，为城市公园绿地的科学发展开出良方，在理论和实践上都具有创新和指导意义。

本书首次将“有机更新”理论引入城市公园绿地更新领域，为中国城市公园绿地的更新提出了一个新的研究课题，提供了一个新的观察视角，开启了一个新的操作界面。本书在分析国内外城市公园绿地更新的相关理论及实践操作基础上，总结国外城市公园绿地更新的经验，重点分析中国城市公园绿地更新取得的成绩与存在不足，揭示出中国城市公园绿地更新面临的“五大基本矛盾”，即短期更新与长远规划的矛盾、局部更新与整体谋划的矛盾、时代共性与场地个性的矛盾、人工设计与生态恢复的矛盾、人的需求与保护自然的矛盾。在此综合研究的基础上，对城市公园绿地有机更新的相关概念进行收集和梳理，如“有机思想”在建筑学科、城市规划学科中的应用进行研究，从而首次定义城市公园绿地有机更新的基本概念、影响因素及推动因素。在此基础上，提出了城市公园绿地有机更新的“五大发展目标”，即实现可持续性发展、实现整体性发展、实现特色性发展、实现生态性发展和实现双赢性发展。本书进而分章节结合典型项目案例，对城市公园绿地有机更新的五大发展目标的实现意义、理论依据、发展特征、发展原则和规划方法进行论述。本书从第 4 章开始对城市公园绿地有机更新进行研究。第 4 章重点研究以长远规划为前提进行城市公园绿地有机更新的可持续性发展：介绍支撑城市公园绿地有机更新可持续性发展目标的基础理论及其特征，总结出规划方法，即将具有战略前瞻的总体规划，实事求是的分期实施，与时俱进的适时调整三者相结合。第 5 章重点研究以整体谋划为前提进行城市公园绿地有机更新的整体性发展：介绍支撑城市公园绿地有机更新整体性发展目标的基础理论及其特征，总结出规划方法，即先从微观层面，对公园单体实行开放式管理，使其溶解于城市环境，再从中观层面，梳理城市内部资源，分层次规划城市公园绿地种类，最终从宏观层面，整合城市资源，将公园绿地联网成片，实现其整体性发展。第 6 章重点研究以保持场地个性为前提进行城市公园绿地有机更新的特色性发展：介绍城市公园绿地有机更新场地个性特色的分类，总结出规划方法，即一方面，以发现的眼光，保护场地特有资源，实现场地特色的苏醒；另一方面，提炼场地绿脉和文脉，进行艺术创新，实现场地特色的升华。第 7 章重点研究以生态恢复为前提进行城市公园绿地有机更新的生态性发展：介绍支撑城市公园绿地有机更新生态性发展目标的基础理论及遵循原则，总结出三种规划方法，即对拥有不可再生的珍贵自然资源的场地，应留白 + 保护；对生态环境遭遇人为破坏的场地，应引导 + 恢复；对具有强大生命力的生态资源的场地，应利用 + 做功。第

8 章重点研究以保护自然为前提进行城市公园绿地有机更新的双赢性发展：介绍支撑城市公园绿地有机更新双赢性发展目标的基础理论及遵循原则，总结出规划方法，即一方面，严格控制城市公园绿地的无序开发，限制其开发速度和规模；另一方面，加强城市公园绿地后期的科学管控，满足人的合理需求。本研究以期形成一套完整的、可供借鉴的城市公园绿地有机更新理论体系与实践操作模式，为中国大量亟需更新的城市公园绿地提供指导。

本书是在笔者的博士毕业论文基础上修改完善而成，在论文写作过程中，得到了博士研究生导师、南京林业大学校长王浩教授的悉心指导和无私帮助，在此表示衷心感谢！还要特别感谢南京林业大学风景园林学院副院长田如男教授、严军副教授、费文君副教授、殷洁副教授，他们给予书籍出版极大的支持，在此深表感谢！最后，深深感谢陪伴我成长的父母，给我前行动力的丈夫与女儿！由于作者水平有限，本书肯定存在不足之处，恳请广大读者不吝赐教。

刘源

2018 年春于金陵

目　录

第1章 绪论

1.1 研究背景与选题依据

1.1.1 城市公园绿地重要地位

美国建筑大师伊利尔·沙里宁（Eliel Saarinen，1873~1950）在《城市，它的发展衰败与未来》一书中阐述："城市是一本打开的书，从中可以看到它的抱负。让我看看你的城市，我就能说出这个城市居民在文化上追求什么[1]"。如果说城市是一本书，那么城市公园绿地恰是这本书卷中的美丽乐章，蕴含着人们对美好生活环境的愿景。

城市公园绿地是城市的重要组成部分，被誉为城市"绿肺"。城市公园绿地将自然环境引入城市中，提供人与自然亲密接触的机会，缓解繁忙拥挤的都市生活对人造成的不良影响。城市公园绿地也是人们精神文明生活的重要载体，以游憩功能为主要特征，兼具景观、生态、教育、减灾等多重功能。它以其独特的城市文化折射出城市形象，是城市文明的标志。现今，城市公园绿地作为现代化城市的绿色基础设施，其数量多少与质量高低已成为评价某个国家或地区的城市建设水平、居民生活水平乃至城市精神风貌的重要标准。

1.1.2 城市公园绿地发展面临的问题

随着社会及城市建设的发展，传统模式的城市公园绿地面临着空前危机。首先，中国原有城市公园绿地，大多首建于20世纪的50～60年代，由于规划背景、建设水平、投入资金以及管理体制上的缺陷，使其先天不足。第二，随着中国原有城市公园绿地服务年限的延长，又缺乏有效的管理维护和及时更新，其内部产生功能衰退、物质损耗、环境劣化、经济折旧等现象。据2007年上海市绿化管理局统计，上海市有146个公园，其中2/3建于20世纪90年代以前，多年的风雨沧桑，使老公园不同程度地出现设备老化破损、树木生长过密等现象，严重影响了公园的景观效果[2]。第三，中国城市公园绿地规划建设，多沿用苏联文化休息公园的单一模式，而随着社会发展，人们生活水平的提高和生活方式的变更带来的审美标准、精神需求的升级，使得原有城市公园绿地已难于满足现代人多方位需求。第四，市场经济条件下，为了保证城市公园绿地创收，增加经济效益，大量商业性经营活动的侵入，破坏了城市公园绿地的景观风貌。这种短期盈利行为，使城市公园绿地建设走入了误区。综合以上因素，中国原有城市公园绿地呈现“综合老化”现象[2]。

1.1.3　城市公园绿地有机更新的必要性

随着社会经济高速发展，城市中各种矛盾表现也尤为突出。一方面，经济发达，物资充足；另一方面，污染严重，威胁人类生存环境。政府为了尽快改善城市人居环境，满足人们对公共生活期望的提高，在新建大量城市公园绿地，迅速提高城市绿地率的同时，重视对原有“综合老化”的城市公园绿地进行更新，以期改善城市整体环境，适应不同时期、不同使用者的需求。

1.1.3.1　城市原有公园绿地优势地位

1. 地理位置优势

城市原有公园绿地伴随着城市旧城区当时的规划而建，大多地处城市中心区主要地段，占据城市重要地理位置与景观资源。现今，由于用地紧张，无法在城市建设过程中大量开辟新的城市公园绿地，因而，城市原有公园绿地的区位和地点优势日趋明显，它体现一个城市多年来的发展轨迹和历史文化脉络，同时反映出城市建设的水平和特点。

2. 历史文化优势

城市原有公园绿地常与城市历史文物古迹相结合，选址考究，有些甚至在历史上就是当地著名景点或有特殊人文背景的地点。因而，历史上保存下来的城市公园绿地显得弥足珍贵，各朝代的历史文化都可能在此找到缩影。城市原有公园绿地内的文化遗存是一个城市的精神灵魂，对城市文脉的延续具有重要意义[3]。

3. 推动经济优势

城市原有公园绿地作为城市主要绿色空间，能有效推动该区域的经济和社会发展。如在国内外，通过城市原有公园绿地景观更新，带动周边环境美化、土地升值、人群素质提高的案例比比皆是。在众多城市用地紧张、资金紧缺的今天，更新城市原有公园绿地比营建新的城市公园绿地，在推动社会经济发展中，显得更为可行。

4. 平衡生态优势

城市原有公园绿地建成时间长，形成了较为稳定的植物群落。公园绿地中的植物大多历史悠久，树姿高大挺拔，树形优美，这种需要时间沉淀的植物资源是新建公园绿地短时间内无法达到的。即便为使城市公园绿地生态效益得到最大程度发挥，对植物做适当人工科学调整，更新一个城市原有公园绿地远比新建一个城市公园绿地投入少、见效快、可操作性强[4]。

5. 情感认可优势

城市原有公园绿地大多地处老城区，周边人口密度大，在市民心中认知度高，较易聚集人气。城市原有公园绿地反映周边居民日常生活的风俗习惯，是社会百态的真实写照，它带有强烈的场所记忆和独特的精神体验，成为市民生活不可或缺的部分。城市原有公园绿地可使对其拥有独特记忆的人群产生情感上的联系，是承载周边市民集体记忆的重要载体。城市原有公园绿地的诞生带有强烈时代烙印，反映了一个时代的偏好与价值观，是中国城市公园绿地发展的真实记录。

1.1.3.2 城市公园绿地有机更新的迫切需要

两院院士、著名城市规划及建筑学家吴良镛教授曾说:“著名历史城市的构成，本身它是一件日常生活永远在使用的高级手工艺品，又好像绣花衣裳，破旧了需要按其原有的纹理加以‘织补’，定期地加以‘干洗’。这样，随着时间的推进，它即便已成了‘百衲衣’，但还应该是一件艺术品，蕴有美[5]”。

诚如此理，城市公园绿地的发展也是一个连续的动态过程。在这个过程中，既会出现新开发建设的城市公园绿地，也会产生物质老化的城市原有公园绿地。因此,其发展过程既是建设的历史，同时也是更新的历史。中国目前大多数的城市公园绿地都是伴随中华人民共和国的成立而创建发展至今的，它们反映了当时社会生活的各个侧面，满足当时人民群众的游览休息及精神生活需要。然而随着时代的发展，这些城市原有公园绿地表现出的先天不足、设施陈旧、功能衰退、环境恶化、管理落后等现象，使其越来越无法满足人们对物质和精神生活的现实需要，更新城市原有公园绿地也就成为必然之举。而现今，部分中国城市公园绿地采取的现行景观更新方法，往往重短期效益、局部效益和过分强调人的需求，片面追求人工设计，缺乏个性特色，有些地方看似更新，实为破坏，严峻的现实状况呼唤更为科学合理的城市公园绿地更新方法。

本书提出的城市公园绿地有机更新方法与现今中国城市公园绿地实行的传统更新方法有本质区别，它不是简单的基础设施维修、更换，也不是无序地开发建设，更不是铲平一切、推倒重建。城市公园绿地有机更新方法根据每个公园绿地不同实际情况，采取对应的方式方法，在注重景观效益、生态效益、文化效益、社会效益等多元效益基础上，最大程度地保护现状自然资源，妥善保留并延续场地内的历史文化，突显城市公园绿地的个性特色，使其焕然一新并实现可持续性发展。

1.2 研究目的和意义

2012 年召开的党的十八大将“生态文明建设”提升到战略层面，与经济建设、政治建设、文化建设、社会建设并列，构成中国特色社会主义事业“五位一体”的总体布局。党章也对此作了阐述：“树立尊重自然、顺应自然、保护自然的生态文明理念，坚持节约资源和保护环境的基本国策，坚持节约优先、保护优先、自然恢复为主的方针，坚持生产发展、生活富裕、生态文明良好的文明发展道路。”这是中华民族永续发展的正确指引，也是风景园林行业的最高宗旨。

城市公园绿地的性质和功能是为城市居民提供公共服务的社会公益事业和民生工程，承担着生态环保、休闲游憩、景观营造、文化传承、科普教育、防灾避险等多种功能。在生态文明建设提高到国家战略层面的时代背景下，城市公园绿地有机更新的研究旨在摒弃违背自然、短期行为、领导意志、面子工程、资源浪费、单纯景观、忽悠公众等行业不良现象，为城市公园绿地科学持续发展开出良方，因而在理论和实践上都具有重要意义。

1.2.1 理论意义

“有机更新”基础理论来源于吴良镛院士所论述的“城市有机更新”思想，即采取适当规模、合适尺度，依据改造的内容与要求，妥善处理目前与将来的关系，不断提高规划设计质量，使每一片的发展达到相对的完整性，这样集无数相对完整性之和，即能促进旧城的整体环境得到改善[5]。“城市有机更新”实质认为城市发展如同生物有机体的生长过程，应该不断地去掉旧的、腐败的部分，生长出新的内容，但这种新的组织应具有原有结构的特征，也就是说应基于原有的城市肌理对城市进行有机更新。“有机更新”基础理论不仅是在积极探索适应北京旧城更新、努力追求将可持续性发展战略具体运用到北京旧城更新实践中的一种新的城市设计理念，而且对于整个中国的城市更新实践都具有重要的指导意义。

本书借鉴“城市有机更新”理论的核心思想，将其引入城市公园绿地更新领域，首次明确定义城市公园绿地有机更新的概念，并分析中国城市公园绿地更新面临的五大基本矛盾及其表现，总结其影响因素及推动力量，提出实现城市公园绿地有机更新的五大发展目标，进而深入研究实现各个目标的实现意义、理论依据、发展特征、发展原则和规划方法，最终形成一套完整的、可供借鉴的城市公园绿地有机更新理论体系。

1.2.2 实践意义

所谓“旧园妙于翻造，自然古木繁花”[6]。现今，城市公园绿地传统更新方法大多仍以实际操作经验为主，无论是在早期的欧美发达国家，还是在后期的发展中国家，对城市公园绿地更新的关注都起源于城市建设等实际工作的需要。目前，中国城市公园绿地传统的更新方法往往倾向于以感性经验为指导，偏重于城市公园绿地局部空间和外部形式的重塑，缺乏对于城市公园绿地环境的整体认识和长远谋略，导致许多尖锐矛盾和问题隐患的产生。对中国原有城市公园绿地采取简单的“拆旧建新”等方法，势必带来巨大物质浪费，导致传统文化资源的缺失。因此，探讨新形势下城市公园绿地有机更新的策略与方法，为中国大量亟须更新的城市原有公园绿地提供操作范本，是本书的重要实践意义。

1.3 研究方案

1.3.1 研究对象

本书研究对象为建设于中华人民共和国成立以后、建成年代较久的城市公园绿地，它们拥有珍贵自然资源和良好人文环境，但在社会发展过程中，此类城市公园绿地因先天不足、建成年代久远等多种原因，产生“综合性老化”现象，已难于满足现代社会和人们的多元需求。这些呈现“综合老化”现象的城市原有公园绿地是本书的主要研究对象。

1.3.2 研究方法

1.3.2.1 基础理论研究与典型实证研究相结合

本书采取基础理论研究与典型实证研究相结合的研究方法。基础理论研究主要是文献研究与理论整理，如对城市公园绿地有机更新的概念、影响因素、推动因素、发展目标等分析阐述；又如对城市公园绿地有机更新五大发展目标的实现意义、理论依据、发展特征、发展原则和规划方法等研究总结。典型实证研究指有目的、有代表性地选取国内外城市公园绿地有机更新的经典案例及实践项目进行实证研究。

1.3.2.2 综合研究和重点研究相结合

本书还采取综合研究和重点研究相结合的方法进行深入剖析。综合研究从国内外城市公园绿地起源研究入手，进而系统总结国内外城市公园绿地更新研究的动态，通过对更新的理论研究、实践操作、经典案例分析，得出国内外城市公园绿地更新的成功经验和存在问题，在此综合分析研究的基础上，概括提出当前中国

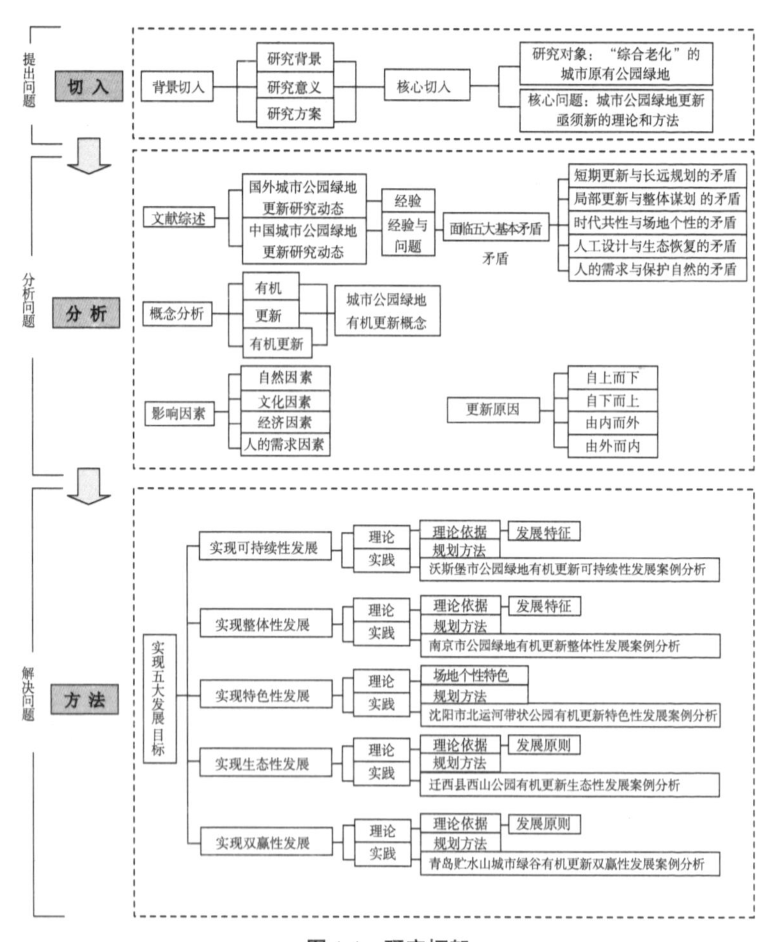

图 1-1 研究框架

城市公园绿地更新中的五大基本矛盾，提出五大发展目标。重点研究则是针对城市公园绿地有机更新的五大发展目标，分别进行专题研究和论述，对其实现意义、理论依据、发展特征、发展原则和规划方法进行理论总结，并配合典型项目案例，佐证该理论的实践意义。

1.3.3 研究框架

研究框架见图 1-1。

参考文献

[1] Eliel Saarinen.The city, its growth, its decay, its future [M]. Cambridge, Mass., M.I.T. Press , 1965.

[2] 吴鹏 . 城市公园改造中文化的延续——以南昌市人民公园改造项目为例 [D]. 长沙：中南林业科技大学，2009.

[3] 徐然 . 山地城市中心区公园改造规划研究——以重庆市人民公园改造为例 [D]. 重庆：重庆大学，2011.

[4] 刘然 . 城市旧公园改造研究——以天津城市公园为例 [D]. 天津：天津大学，2011.

[5] 吴良镛 . 北京旧城与菊儿胡同 [M]. 北京：中国建筑工业出版社，1994.

[6] [明] 计成（著）. 陈植（注释）. 园冶 [M]. 北京：中国建筑工业出版社，1988.

第 2 章 国内外城市公园绿地更新研究综述

2.1 国外相关研究

2.1.1 国外城市公园绿地起源

城市公园绿地（Urban Public Park）的诞生是对城市发展所遇问题的适时反应，也是社会改革以减轻各种城市不利影响和提高人们生活质量的重要举措。

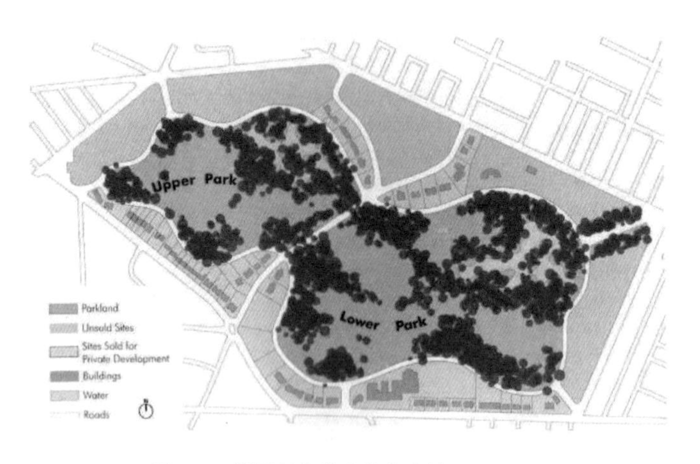

图 2-1　英国利物浦市伯肯海德公园总平面图

图片来源：《Public park：Thekeytolivable communities》

英国作为最早进入工业化时期的国家，在城市公园绿地的概念、理论及实践方面的研究较为领先。17 世纪中叶，英国爆发了资产阶级革命，武装推翻了封建王朝，宣告资本主义社会制度的诞生。新兴资产阶级没收了封建领主及皇室财产，把市内宫苑和私园向公众开放。这些向公众开放的休闲娱乐空间，为19世纪欧洲各大城市所产生的数量可观的公园绿地打下基础。18世纪60年代，英国工业革命开始，资本主义迅猛发展。经济优先的发展理念使得城市用地扩大，人口急剧增加，工业盲目建设，侵占和破坏了原先良好的自然生态环境。19世纪中叶，城市环境日益恶化、传染病流行等城市问题凸显，生活在城市中的人们渴望回归自然，期望生活在优美愉悦的环境里。公众的强烈愿望使得许多城市中大型绿色空间产生，用以抵制失控的城市生长所产生的无序灾害。1843年，伯肯海德公园（Birkenhead Park）的建立，标志着第一个城市公园的正式诞生[1]。它由英国利物浦市利用税收建造，免费向公众开放（图2-1）。设计师帕斯通（Joseph Paxton）成功运用艺术手法再现自然美景，受到市民欢迎，从而开创了英国建造城市公园的新时代。伯肯海德公园的建成也对美国城市公园思想的形成和建设有极大的推动作用。此后，往日的皇家、贵族、富豪们骑马狩猎和观赏游玩的私家园林也逐渐被迫陆续开放成为城市公共属性的公园绿地。从首都伦敦开始，肯盛顿公园（Kensington Gardens）、圣詹姆斯公园（St. James Park）、格林公园（Green Park）和海德公园（Hyde Park）等相继开放。社区、村镇的公共场地以及教堂前的开放式草地也是英国城市公园绿地的另一个发源地[2]。在英国风景园林史上，由风景园林师师布朗（Lancelot Brown）和雷普顿（Humphrey Repton）等人发展与完善的英国自然风景式园林（Landscape garden）风格成了现代城市公园绿地的主要风格，这种具有浪漫主义精神的自然风景形式对缓解人工化的城市环境有重要作用[3]。

美国城市公园绿地的起源，是于19世纪试图解决城市化和工业化造成的不平衡的一种尝试，它的产生与发展一直与解决城市问题密切相关[4]。1857 年，美国风景园林师奥姆斯特德（Frederick Law Olmstead）与弗克斯（Calvert Vaux）成功地设计了纽约中央公园（Central Park），使美国造园告别了私人庄园、公共墓园及小规模场地的设计阶段，在欧洲、北美掀起了城市公园建设的第一次高潮，被称为“公园运动”（Park Movement），带动了世界范围内城市公园绿地的建设高潮。出于社会呼声及政治需要，政府为市民修建公益性的城市公园绿地运动在美国众多大城市开展起来，例如布鲁克林的景色公园（Prospect Park）、芝加哥的城南公园（South Park）和波士顿的富兰克林公园（Franklin Park）等[3]。美国除了单个的城市公园绿地建设外，在 19 世纪后半叶还出现了将城市公园、公园大道与城市中心连接成整体的公园系统思想，如奥姆斯特德及其门徒爱利奥特（Charles Eliot）规划的波士顿公园系统。在波士顿公地基础上，结合原有城市公园和水系，用公园路将河滨湿地、综合公园、植物园、公共绿地等多种绿地连接成网络系统，称为“翡翠项链”（Emerald Necklace）。波士顿公园系统的建成，使得人们在使用中逐渐意识到城市公园不该被孤立于城中，而应融入城市生活。因此，波士顿政府在 20 世纪初把城市公园绿地作为城市发展的一个重要因素，对市域范围内的公园绿地系统做了整体性规划[5]。

2.1.2 国外城市公园绿地更新研究动态

2.1.2.1 国外城市公园绿地更新理论综述

随着城市公园绿地更新问题的日益凸显，众多国外学者开始关注并研究此问题，国外相关专业杂志也做了大量的专栏报道，笔者将国外城市公园绿地更新理论总结归纳为以下三个方面：

1. 尊重场地自然资源理论

玛丽·沃兹德勒（Mary Voelz Chandle）以美国纽约高线公园

（Highline Park）更新为例，探讨了城市公园绿地更新中的资源保留、风格转换、功能置换等相关问题[6]；城市公园绿地的生态环境保护方面，卡拉·西塞罗（Carla Cicero）认为保护城市公园绿地生物多样性至关重要，可通过设计池塘的多样性以保持鸟类丰富性和多样性[7]；马丁·奎格利（Martin F. Quigley）研究了城市整体环境对城市公园内植物生长的影响，指出城市胁迫严重制约植物的健康生长，即使在尺度较大的城市公园内，逐渐增加的建筑物、步行者的穿梭及临时性施工都会对场地内的植物生长起到长期毒害作用[8]；詹姆斯·希契莫夫（James Hitchmough）在城市公园绿地更新中强调了植物的重要功用，指出植物群落可以被看作是吸引公众、促进生物多样性的重要元素[9]；斯特凡·辛德勒（Stefan Schindler）提出在已经建成的城市公园绿地中，应动态监测其生态系统成分及结构的变化，适时分析土地的利用和管理，从而为随时的更新提供科学翔实的基础资料[10]。

2. 尊重使用者变化需求理论

狄克奥兹（Dicle Oguz）提出城市公园绿地是土耳其共和国的现代社会建设的重要工程，它能提供市民游憩活动的空间。在城市公园绿地更新中，首要考虑使用者的需求，对其使用意见的调查和使用心理的研究，是更新的重要依据[11]；基拉肯若奇（Kira Krenichyn）指出在美国，城市公园绿地是最佳的户外锻炼场地，由于其让女性感觉到浪漫、有安全感、舒适、放松，它更容易受到女性的青睐，因而城市公园绿地更新应考虑多样人群的不同需求[12]；哈格奥格（Dicle H. Ozguner）主张采用定量和定性的数据收集技术和分析调查方法，以城市公园绿地管理部门、地方政府、风景园林师等专业人员对于自然风景的态度和意见为基础，结合当地市民的使用需求，综合经济、文化、社会安全等众多因素进行更新，而非专业人员的个人喜好[13]；苏珊·贝蓓（Susan H. Babey）提出安全的城市公园绿地更新，必定和健康积极的户外运动联系在一起，尤其应针对锻炼主体青少年的社会状况、住宅群体、邻里个性的不同而区别处理[14]。

3. 优化运营管理机制理论

在公园维护与管理方面，安德霍斯特（Andrej Christian Lindholst）提出，法律法规应普遍存在于城市公园绿地的规划设计和管理中，帮助城市公园绿地的管理者，维护其正常运营和长久的生命力[15]。维托尔德（Witold Rybczynski）总结美国纽约中央公园150年的更新过程中，由于如中央公园管理委员会（Central Park Conservancy）、公共空间规划委员会（Progect for Public Spaces）等这些非赢利性机构的不断管理和监督，促进了中央公园更新研究的系统化与专业化[16]。

2.1.2.2 国外城市公园绿地更新实践操作

国外城市公园绿地自诞生后，其发展一直以更新和新建相结合的方式向前推进，而更新也始终占据着重要地位。国外对城市公园绿地的更新研究起源于实践工作，并作为城市公园绿地的自我调节机制存在于其发展之中，也可以说城市公园绿地的更新是推动其发展成长的原动力。

1. 英国

英国工业革命开始后，资本主义迅猛发展，人们越来越远离自然环境，其生活环境日趋恶化。在这样的社会条件下，资产阶级对城市环境进行了局部改善。其中以1811年重新规划建设的伦敦摄政公园（Regent's Park）为代表的城市公园绿地更新项目最为著名（图2-2），该项目位于玛利来朋狩猎园原址之上，设计师纳什（John Nash）计划在城市中再现一派乡村景色，使居住者有一种居豪宅而享受城市山林的感受。摄政公园改建完成后收到了社会广泛的赞誉，称赞该公园绿地建设为城市提供了舒适的呼吸空间，阻止了街区内砖石建筑物没完没了的填塞与蔓延，对周围邻里社区产生了积极的影响[3]。

图 2-2 英国伦敦市摄政公园

图片来源：《Public park: The key to livable communities》

2. 美国

19 世纪中叶，随着城市中心区复兴运动的兴起，美国许多城市为解决环境问题开始探讨和研究城市景观设计，提出若要提升城市环境质量，彰显城市个性，只有大力发展和建设城市公共景观空间，而城市公园绿地成了重中之重。美国风景园林师通过公共空间系统建设、滨水区开发、城市历史保护等一系列代表公共利益的项目的开发建设，完善了城市整体景观质量。其中城市公园绿地的更新成为工作的重点，设计师通过设置多样的休息、服务设施，创造出更适宜人类活动的城市公共空间。例如美国明尼阿波丽斯市（Minneapolis）就把更新城市公园环境与吸引外资结合起来，将城市公园绿地的更新和建设作为振兴城市经济的重点战略性规划，使其成为全美环境最美的城市之一[17]（图 2-3）。同时，以纽约布莱恩特公园（Bryant Park）更新、纽约中央公园（Central Park）更新等为代表的一大批城市公园绿地更新工程也在全美范围内展开，极大改善了美国城市中心区环境[18]。1851年7月，美国纽约州通过了第一个《公园法》，对城市公园绿地用地的购买、城市公园绿地的建设组织化等进行了规定[19]。

图 2-3 美国明尼阿波丽斯市

图片来源：《Public park：The key to livable communities》

3. 法国

19世纪70年代后期，随着法国经济的快速发展，保护历史和改善生活环境是当时城市建设的重要任务之一。1977年法国政府颁布了“改善城市环境计划”，旨在通过对现有公共空间和现存公共设施的修复与改善来更新城市中心的旧城区环境，从根本上遏制城市中心区景观衰败与社会发展滞后。“改善城市环境计划”和以往彻底推翻城市中心区结构的更新计划不同，它在修复建筑物和改善其周围环境的同时，最大程度地保持现存的城市结构。此阶段，在法国全国范围内出现大量城市公园绿地更新工程，且多以小规模修复为主。其中较有影响的项目为法国布洛涅林园（Bois de Boulogne）（图2-4）、布特斯·肖蒙公园（Parc des Buttes-Chaumont）（图2-5）及万森纳林园（Bios de Vincennes）等。

图 2-4 法国布洛涅林园

图片来源:《Public park:The key to livable communities》

图 2-5 法国布特斯·肖蒙公园

图片来源:《Public park:The key to livable communities》

4. 日本

日本城市公园绿地的发展始于 1873 年。1919 年，日本颁布了《都市计划法》，它第一次对城市公园的定义、作用及功能进行了法律阐述，将其纳入与城市道路、河川、港湾同样重要的城市市政系统。1923 年关东大地震之后，日本城市公园绿地的避震减灾作用也开始得到肯定与重视。1972 年，日本又颁布了《都市公园等整备 5 年规划》。此后每 5 年，日本政府均对其进行修正，使城市公园绿地的功能定位与更新建设平稳且有序的发展。日本城市公园绿地的公共设施齐全，覆盖面广，管理体系完善。在《都市公园法》和《地方自治法》的指导和监督下，城市公园绿地的预算、组织结构、管理模式、管理目标、管理标准项目均在严密的管理计划中，管理费用的支出也在经营者的严格控制范围内[20]。日本的城市公园绿地规划在各种法律法规制度不断改善与健全的前提下，经历了一个循序渐进的良性发展过程。

2.1.2.3 国外城市公园绿地更新经典案例分析

1. 美国纽约中央公园（Central Park，New York，US）

19 世纪 30 年代，美国纽约市在移民浪潮中快速扩张，经济优先理念的盛行使得用地紧张，城市格局和肌理遭到严重破坏，公共空间不断被蚕食，最终导致城市公园绿地系统陷入了机能紊乱的困境。在这样的社会背景下，位于纽约市曼哈顿岛的中央公园以“模拟自然”的创新设计理念和方法，提供给居住在城市中每一位市民最平等的、最适宜的健康休闲活动场所，它成为世界造园史上开放式城市公园绿地建设与更新的传奇。

纽约市中央公园始建于 1858 年，由美国著名风景园林师奥姆斯特德（Frederick Law olmsted）和卡尔维特· 沃克斯（Calvert vaux）合作提出的“绿草地（Greensward）”设计荣获中央公园首建的最佳方案。此方案成功的在于它符合了纽约城市发展需求，预见到未来社会生活中人们生态观、娱乐观的变化，凝聚了纽约人狂热的奔向绿色、追寻自然的内心渴求，它倾注了两位设计大师自身的学识、艺术热情和才能[21]（图 2-6）。

纽约市中央公园的建设发展也历经众多曲折，但它在每次衰退之后却总能够随即复兴。19 世纪后 30 年中，人们对公园绿地的需求不断提高，公园周边的住宅高楼相继出现，为方便汽车行驶，马车路铺上了沥青。1927 年景观设计师赫尔曼· W· 默克尔提

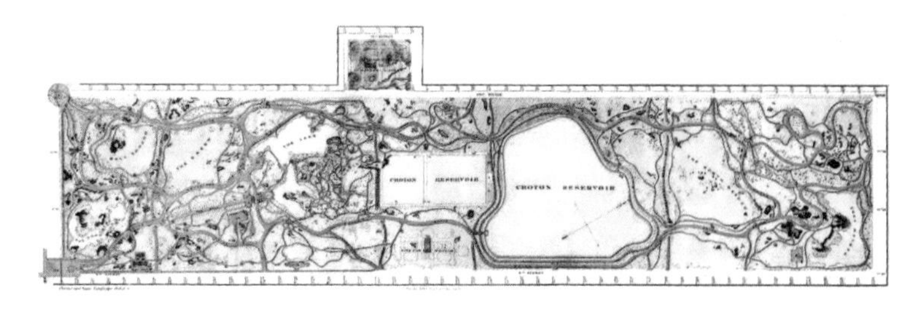

图 2-6　美国纽约中央公园“绿草地”方案

图片来源：美国纽约中央公园明信片

出相关报告，佐证纽约中央公园逐步衰败的现实状况。1934 年，在持续数年衰退之后，纽约中央公园根据时代特征和人的使用需求，进行场地设施的功能性更新，如增添众多娱乐休闲设施，其中包括 19 个运动场和 12 个球场。20 世纪 60 至 70 年代，纽约中央公园又受到人口改变、自由主义政策和经济危机的影响，陷入了严重衰退的境地。一方面，维护资金短缺、管理人员匮乏和公园的使用过度，另一方面，垃圾、涂鸦、高犯罪率等社会问题也促使了公园环境的恶化。1980 年纽约市政府和新成立的中央公园管理委员会（Central Park Conservancy）开始了复兴公园的长期合作，凭借个人和公司的捐赠来帮助维持公园日常运营。公园管理委员会每年都向公众提供一项教育计划，专注于环境科学、公园历史、志愿者计划以及公园的服务信息，教育公众珍视公园环境并积极参与到志愿者的行列中来[22]，这成为纽约中央公园更新发展的一个重要历史转折点。此后，众多来源的资金被不断地投入纽约中央公园的维护和更新中，使其得以保持当前的生命力与活力。1985 年，中央公园管理委员会制定了《重建纽约中央公园——15 年管理和重建规划》，其中包括了保护核心利益、保存历史特征等 6 条指导原则。

近代的纽约市中央公园更新更多关注植物品种的培养、植物配置及动物保护的景观生态恢复方向。如成片树林的更新、古稀树种的保养、原有品种的恢复、外来树种的引入、成片露地花卉的栽培、野花的保留利用、大片草地的养护、加强对一些具有特色的莎士比亚花园及草莓园的建设、管理及封闭了一片自然保护区。另外，公园的北部边界有所拓展，从1863年的第106街拓展到第110街；昔日的保龄球草坪已经被垒球和橄榄球取代；散步区变成了慢跑道和自行车道。以著名景点大草坪（Great Lawn）更新为例，1936年大草坪建成在一个废弃的蓄水池上，作为运动和娱乐场所，见证了若干重大历史事件的发生，然而它仍不断进行技术创新，以适应时代的挑战和需求[21]（图2-7）。

图2-7　美国纽约市中央公园大草坪

图片来源：自拍于美国纽约市中央公园

时至今日，纽约市中央公园拥有2.6万棵树，275种鸟类，60.7hm^{2}的湖面和溪流，93.34km的人行漫步道，9.66km的机动车道，30个网球场，1个游泳池，2座小动物园及大量儿童活动空间（图2-8），每年吸引游客多达3000万人次。它除了作为曼哈顿的“城市绿肺”，为纽约市民们提供休闲和娱乐的公共场所外，还起着天然调节器和自然生态保护区的功能，成为城市孤岛中各种野生动物最后的栖息地，这块巨大的城市绿心所发挥出的环境生态效能和社会价值也是难以度量的[24]（图 2-9）。

图 2-8 美国纽约市中央公园儿童活动空间

图片来源：自拍于美国纽约市中央公园

图 2-9 美国纽约中央公园现状园景

图片来源：自购于美国纽约中央公园明信片

美国纽约市中央公园在长达 150 多年的建设及更新历史中，保持着弹性的“精明增长（Smart Growth）”状态，它随纽约城市人口和公共生活期望的改变做出即时性回应，有规律地进行回顾与反思，每5年进行一次动态的适时调整，这种更新的特质表现为前瞻性、适时性、特色性、文化性、共生性[22]。纵观纽约中央公园长达150年的建设发展历程，实为对传统公园绿地定位、功能、价值等方面的不断反省、思考和适时更新的过程。该过程以保持公园绿地的公益性、开放性为前提，扬弃既有的状态和管理方法，运用先进的规划设计理念和技术方法，指导城市公园绿地的更新，该过程是动态的、持续的。

2. 美国芝加哥市格兰特公园（Grant Park，Chicago，US）

美国芝加哥市格兰特公园由奥姆斯特德兄弟于1903年规划修建（图2-10），面积130hm^2，位于密歇根湖旁，园内风景宜人。

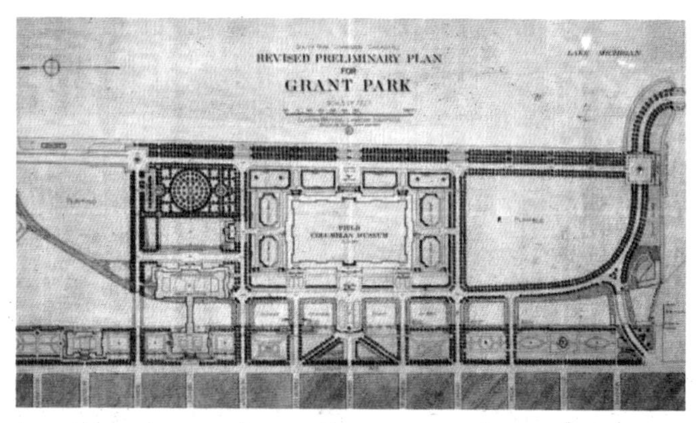

图2-10　美国芝加哥市格兰特公园1903年总体规划图

图片来源：《Creating a chicago landmark：Millennium Park》

由于公园北面的芝加哥河上架桥决议的通过，面对交通流量迅速增加和城市高速路的拓宽，特别是20世纪30年代经济危机影响，格兰特公园的建设一度举步维艰，成了资金不足的“闲人免进”区（图2-11）。

图 2-11 美国芝加哥市格兰特公园 1932 年园景

图片来源:《Creating a chicago landmark: Millennium Park》

20 世纪 80 年代，芝加哥市格兰特公园开始复兴规划，重新布置大型音乐会的举办场所，制定开展一系列一年一度的音乐节活动。1992 年戴利市长出台了“具有历史意义场所的全国普查”调查和“格兰特公园设计指导方针”，给予格兰特公园复兴规划以有力支持。“指导方针”对于园内具有历史意义的景观更新，做了明确界定，目的是“在适应变革需要的同时，严格保存公园具有历史性的特征”。“指导方针”内容主要表现为:(1)整合公园用地——统一规划公园用地，特别是道路系统规划，高效利用道路串联公园的节点和片段;(2)激活土地使用率——提高土地使用功能的多样性和持久性，满足人的需求;(3)提升公园使用便利性——增加园内指示标志，引导游览;(4)丰富建筑和基础设施的形式和功能——提供完善的基础设施满足休闲、文化和娱乐的需要;(5)更新植物资源——加大公园内乔木、灌木丛和花卉的数量。随后，芝加哥市格兰特公园又于 2003 年公布了《体制方案》，对公园 5 年内的近期规划和远期 20 年的前景展望达成共识，其更新规划目标包括:(1)激发公园全年的活力，提供适合不同季节的场地活动；（2）加强公园建设，使其作为芝加哥市的著名景点，带动本地区、本市财力资源的增长；（3）重点保存和诠释公园的历史文化特征；（4）加强保护公园独特的景观特点；（5）将公园和湖滨露天场所体系结合为整体，形成特色景观带[23]。

现今的美国芝加哥市格兰特公园在历经多次更新建设后，焕发出迷人的魅力，成为芝加哥市最具代表性的城市公园绿地，它不仅深受本地区市民的喜爱，每年还会有大量的游客慕名前来，体验它的风采。园内拥有世界最大的照明喷泉——白金汉喷泉（Buckingham Fountain），中央泉池占地 56m^2，泉水约 20min 向高空喷一次，水柱高达 15m，尤其是夜晚在万盏灯火的映射下十分瑰丽壮观（图 2-12）。每到夏季，格兰特公园还例行举办大型音乐会，增加人气。格兰特公园内的植物景观也一直保有良好的规划、管理和维护，呈现出精致的形态（图 2-13）。

图 2-12　美国芝加哥市格兰特公园白金汉喷泉

图片来源：自拍于美国芝加哥市格兰特公园

图 2-13　美国芝加哥市格兰特公园 2011 年园景

图片来源：自拍于美国芝加哥市格兰特公园

2.1.3　国外城市公园绿地更新经验

国外城市公园绿地更新经历了长时间的摸索和发展，特别在对现有资源整合、经济效益发挥、环境保护利用和历史文化保护等方面创造了众多的良好范例，为中国城市公园绿地更新提供了有益借鉴。笔者将其可借鉴的经验总结如下：

1. 尊重场地自然资源

国外城市公园绿地更新尊重场地原有自然资源，如保护自身特有生态体系，植被尽量本土化，并在原有景观骨架基础上进行适当调整，保持更新前后景致协调统一。

2. 尊重场地历史文脉

国外城市公园绿地更新注重留存场地记忆，保护人对场地的依恋情感。同时赋予公园特色新的诠释，追加新的功能，使其主题特色鲜明、功能全面。

3. 尊重人的感受与需求

人的感受和需求是城市公园绿地更新成功与否的重要评判因

素。国外城市公园绿地更新实行弹性政策，伴随城市变迁以及人的需求变化，有规律地进行适时调整，最大程度地满足当代人的物质和精神需求。

4. 整合场地景观序列

国外城市公园绿地更新强调整体性原则，一方面完善公园绿地本身的景观序列，达到内部空间及功能的完整性，另一方面公园建设准确定位，使其与周围城市环境形成有机整体。

5. 健全法规监督管理

国外城市公园绿地更新的成功多归功于健全的法治体系，即通过专项立法进行保护性更新和监督管理。如对公共空间规格有详细、严格的标准规范加以约束，排除了城市公园绿地盲目自主发展的可能性。

6. 积极推行市场策略

国外城市公园绿地积极推行市场策略，保证公园绿地内活动场所的实用性。通过开展一系列市场营销策划，挖掘人的需求，开发场地功能，吸引游客游览[18，24-26]。

2.2 国内相关研究

2.2.1 中国城市公园绿地起源

中国园林的发展历史悠久，城市公园的诞生可追溯至古代皇家园林以及官宦、富商和士人的私家园林，其中最具代表性的有颐和园、沧浪亭、狮子林、拙政园、留园等。现代意义的城市公园最早出现在外租界内，是为了满足殖民者等少数人的游乐活动，把西方公园文化带到了中国。上海市在1868年建造的黄埔公园是中国历史上第一个城市公园,后又在1905年建造了“虹口公园”（现鲁迅公园）、1908年建造了“法国公园”（现复兴公园）等。这一时期的城市公园绿地多采用"法国规则式"和"英国风景式"两种造园手法，具有大片草坪、树林和花坛，极少有建筑。这些城市公园绿地在功能、布局和风格上都反映了外来特征，对其后期的发展建设具有深远的影响。1906年，在无锡由地方乡绅筹建的"锡金公花园"是中国第一个独立建造，对国人开放的近代公园，该公园绿地采用多建筑、无草地、有假山、自然式水池等中国古典园林手法造景。

2.2.2　中国城市公园绿地更新研究动态

1. 中国城市公园绿地更新理论综述

近年来，在中国风景园林学科及相关学科领域中出现了大量与城市公园绿地更新相关的研究，如郭宗志和盛镝以沈阳北陵公园更新设计为例，提出了公园更新设计应坚持因地制宜的原则，把中国传统文化融入园林中，将文物保护与文化建园相结合[27]；焦胜等对城市公园绿地在变迁中复合性功能开发的相关问题进行了探索[28]；李丽以济南大明湖公园更新为例，提出针对自然景观模式的城市公园更新的研究思路，一是要保存公园的传统特色，二是要满足现代人群的休闲、娱乐活动需求[29]；陶敏分析了中小型城市传统公园绿地的现状，对适时更新机制及措施进行了研究[30]；曾涛和周安伟以常德市外滩公园绿地更新详细规划为例，总结了此类开敞空间的现状和存在问题，探讨了城市滨江公园在新形势下的发展之路，提出其更新规划应涵盖从宏观到微观多个层面，不仅要考虑城市的景观效果和满足功能的需要，更要从人的生理、心理特征出发，遵循人的行为模式，满足人的使用需求[31]；金海湘以汕头市中山公园的更新规划设计为例，提出了以尊重人文特色为重点，重塑现代城市公园的方向[32]；石少峰结合广东中山市中山公园更新工程实例，探讨了在大规模的城市更新中，如何重视对历史文化资源的开发与利用，实现新建筑与周围环境的共生，体现时代性、地域性和文化性[33]；李静以合肥瑶海公园更新规划设计方案为例，探讨了在中国城市的建设发展中，如何协调好传统公园与现代城市生活需求间的平衡关系及重塑城市公园的意义及其可持续发展的对策[34]；谢凌姝和罗靖以成都市百花潭公园规划设计实践为例，对城市公园绿地更新规划进行了研究，探讨了规划的方法与思路，提出了系统方法、比较定位、问题导向的三个主要方法[35]；李惠军以重庆市大渡口区城市中心公园景观更新为例，探讨传统城市公园的景观现代化之路，提出在新一轮的城市建设热潮中，以“打造城市形象、带动商圈发展、改善环境质量、提升生活品位”为目标，完成对这些“传统”公园绿地的现代化更新，使之适应当代的民众需求和城市品位[36]；褚伟良以上海古树公园更新工程为例，论述如何保留、利用及更新原有绿地，提出了采用“增、减、取、舍”的方法，充分结合原始的生态肌理、空间构成和功能组织，以满足公园在景观上、功能上的新要求[37]；肖丽和黄一亮以重庆市人民公园更新方案为例，提出了在保留城市公园历史文脉和地域特色的同时，提升公园的景观形象和质量[38]；杨洪波以长沙南郊公园为例，探讨在新时期城市建设中，如何利用和整合现有景观资源，满足市民使用公园的新需求，实现公园的重塑和更新，提升公园品质和品位，赋予公园新的景观活力[39]；裴小明以城市综合公园及其周边环境变迁为条件，研究设计的原则、设计的理念和具体的手法[40]；关延明和李周华以沈阳市中山公园景观更新规划设计为例，提出了公园更新规划应保持公园原有历史韵味，以尊重习惯、功能分区为前提，通过细节与品位的进一步完善与提升，提升公园景观层次[41]；李大鹏等以湘潭雨湖公园更新为例，针对传统城市综合性公园存在的诸多问题，提出适合中国国情的城市综合性公园更新规划设计的原则和方法[42]；陈名虎等以湘潭雨湖公园更新规划为例，探讨对人文、历史的旧景点进行保护与更新的手法，在修复原景点的基础上通过新的设计手法，利用现代生态技术进行生态化设计，实现人文、生态、景观的有机结合[43]；邵花针对现在城市儿童公园所存在的问题提出了新的规划定位，制定新的更新方案[44]；邹先平以株洲市“文化园”的更新为例，阐述在城市公园绿地更新过程中,通过对功能定位的转换,所带来的环境效益及社会效益[45]；陈柏球等结合双清公园更新规划，从公园的规划设计理念和一般原则出发，探讨了旧城区公园绿地更新规划的一般思路[46]。

国内学者对国外城市公园绿地更新也有如下研究：左辅强通过对美国纽约市中央公园适时更新与复兴研究得出结论，公园更新中应秉承适时性、前瞻性、主题性、人性化和公共性[22]；陈志翔以杜伊斯堡内港公园更新为例，提出修旧为创新，整合求转型的更新理念[47]；崔柳和陈丹在考察与反思巴黎城市公园绿地更新的基础上，得到建立在土地、植被、水体等园林要素之上的园林景观的启示，即城市公园绿地更新要与城市发展相互协调，达到自然环境与人工环境的完美统一[48]。

近年来硕士、博士论文在城市公园绿地更新方面的研究有：李慧生以北京陶然亭公园为例进行了城市综合性公园更新的若干问题的初探[49]；关午军进行了城市公园绿地重生再利用的研究[50]；罗正敏以连云港市新浦公园更新规划为例，探讨了中国城市综合性公园更新思路及基本原则，归纳了城市综合性公园更新的步骤和方法[51]；唐守宏对续建和扩建的城市公园绿地之景观衔接问题进行研究[52]；周成玲以常州红梅公园更新设计为例，对城市旧公园的更新设计进行了研究，提出了公园绿地更新设计的思路和策略[53]；潘晶华进行了哈尔滨市现有公园景观评价及更新研究[54]；林凌以常州市为例进行了城市公园更新设计研究[55]；徐慧为以杨浦公园为例，探讨了上海老公园更新指导思想[56]；裘鸿菲进行了中国综合性公园更新的专项研究[17]。

2. 中国城市公园绿地更新实践操作

辛亥革命后，孙中山先生下令将广州越秀山辟为公园。当时的一批民主主义者也极力宣传西方“田园城市”思想，倡导筹建公园，于是在一些城市里相继出现了一批公园，如广州越秀公园，南京玄武湖公园、北平中央公园、杭州中山公园、汉口市府公园、汕头中山公园等。这一时期的城市公园绿地以风景名胜为基础建造，部分是原有的私家园林，少数是在空地或农地上，参照西方公园设计手法营建。至1949年中华人民共和国成立前，我国城市公园绿地虽然数量少，园容差，但已有了动植物展览园、儿童乐园等专类园，园内也拥有展览厅、茶馆、弈棋室、照相馆、小卖店、音乐台、运动场等设施，公园中西风格混杂，初步具备了一些适合本国居民的活动内容。由此可见，中国近代城市公园绿地是辛亥革命民主思想在城市建设中的反映，

1949年，中华人民共和国成立，标志着中国社会发展进入崭新历史时期。它不仅促使中国城市发生了质的变化，也影响了城市公园绿地发展的性质。中华人民共和国成立前，中国城市公园绿地发展较缓慢，规划设计基本停留于简单粗浅的模仿阶段。中华人民共和国成立后，由于国家和政府开始关心人民的文化休息活动，重视城市园林绿地建设，从而使城市公园绿地得到较大发展。在全国范围内，扩建、改建和新建了大量的城市公园绿地，它们成为城市居民游憩、社交、锻炼身体、文化娱乐和获取自然信息的重要场所[19][23][53][57][58]。

中华人民共和国成立后，中国城市公园绿地建设进入大发展时期，具体可划分为以下五个阶段：

第一阶段：1949 ~ 1952年，国民经济处于恢复时期，中国城

市以恢复、整理旧有公园和更新为主，极少新建公园。如北京市重点修缮了北海、中山两个城市公园，抢修颐和园内的珍贵古建筑；广州市扩建越秀公园，新建文化公园；南京市恢复了中山陵园、和平公园，修缮了玄武湖、莫愁湖、鸡鸣寺等公园。这一时期新建的公园较少，仅有南京市雨花台烈士陵园、浦口公园，长沙市烈士公园，合肥市逍遥津公园，郑州市人民公园及天津市人民公园等[59]。

第二阶段：1953 ~ 1957 年，国民经济发展，中国各城市结合旧城更新、新城开发和市政工程建设，大量建造新公园。如北京市新建了什刹海、东单、陶然亭、宣武等公园，并利用名胜古迹改建开辟了日坛、月坛等公园；上海市建设了蓬莱公园、海伦公园、杨浦公园等；南京建设了绣球、太平、午朝门、九华山、栖霞山等区级公园；哈尔滨建设了哈尔滨公园、斯大林公园、儿童公园、水上体育公园、太阳岛公园等；武汉建设了解放、青山、汉阳公园和东湖听涛区；杭州建设了花港观鱼公园[57]。

第三阶段：1958 ~ 1965 年，中国各城市公园建设速度减缓，强调普遍绿化和园林结合生产，出现了公园农场化和林场化的倾向。如北京市在紫竹院公园内挖湖 8.7hm^2，用以发展养鱼生产；中山公园也建起了果园，减少了实际游览面积。此期新建的公园不多，主要有广州市流花湖、东山湖和荔湾湖公园，上海市长风公园，桂林市七星公园，西安市兴庆公园等。其后中国经历了十年“文革”动荡，全国公园建设不仅陷入停顿，而且惨遭破坏。

第四阶段：改革开放后至 20 世纪 90 年代中后期，在改革开放推动下，中国城市公园绿地建设重新起步，数量增加，质量提高，建设速度普遍加快。在造园艺术上，逐渐抛开苏联的文化休息公园模式，探索民族特色与现代特色相结合的道路。据 1985 年底的统计，中国已有城市公园 978 个，总游人量达到了 8 亿多人次，且分布渐广，一些县城、矿区和边远城市也逐渐开始重视公园建设[59]。此阶段，新建大量新型城市公园，园林绿化取得了较大成绩，但同时也忽略了对原有“综合老化”城市公园绿地的更新。

第五阶段：20 世纪末至今，是中国城市公园绿地建设发展的最佳时期，尤其是旅游业的兴盛，直接刺激和促进其发展，数量猛增，形式多元，如出现了主题公园、专类园、湿地公园、生态公园、滨水公园、森林公园、废弃地遗址公园等。城市公园绿地建设范围也由大、中城市扩大到小城镇。以上海市为例，自 20 世纪 80 年代以后，城市生态环境保护问题日益受到重视，城市公园绿地建设呈现健康、持续的发展。截至 21 世纪初上海市新增加 3000m^2 以上的城市公园绿地地块有 30 个[23]。同时，上海市还加大了城市公园绿地更新的力度，2005 年开始，上海市开始启动老公园更新工程，并把东安公园作为首个更新对象。2006 年已经或基本更新完成的老公园有蓬莱公园、汇龙潭公园、罗溪公园等 10 座。到 2010 年上海世博会之前，总投入近亿元完成了全市 80 余座老公园的更新建设，极大提升了城市的整体面貌。

综上所述，1949 年后营建的城市公园绿地是我国城市公园群体结构中的最重要组成部分。在城市发展过程中，这些原有城市公园绿地长期缺乏社会关注和资金投入，问题凸显，“有机更新”俨然将成为其重拾活力的必然途径。

3. 中国城市公园绿地更新经典案例分析

（1）上海复兴公园

复兴公园是上海最早建成的公园之一，也是目前我国唯一保存较完整的法式园林，现存面积约为 8hm^2。它经历了 20 世纪国际大都市的风雨沧桑，已经走过了 90 个年头。

90 年前的复兴公园是一片农田，1900 年租给法军建造兵营，1908 年 7 月兵营辟为公园，由法国园艺家柏勃（Papot）按法国园林特色建设，1909 年 6 月公园建成，并对外开放。由于当时仅限法国侨民出入游览，故俗称“法国公园”。1925年公园扩建，中国园林设计师郁锡麒加入了中国古典园林设计，内有假山、瀑布、荷花池、小溪等（图2-14）。中华人民共和国成立后，市、区政府十分重视公园建设，逐年修缮景点，如在公园内新建、扩建了各类游乐服务设施，公园东面为小型动物园，上述园景除1935年拆除音乐亭、1950年拆除环龙纪念碑、1963年取消动物园外，其余大体上都保留下来。1946年元旦公园正式更名为“复兴公园”。1983年公园北部的大花坛被改建成马克思、恩格斯雕塑广场。公园内8000m^{2}的大草坪于1995年改建并放养广场鸽（图2-15），南大门近南北高架沿线，原封闭式围墙改建为西洋古典式透绿围墙，与公园风格保持了一致性，园内的大型沉床花坛是目前国内唯一典型法式花坛（图2-16），近年已多次投资改建。复兴公园虽然原有设计大多保留下来，但由于时代变迁中不断的零星改造而显得零乱，游乐场的加入更使得风格嫁接得不伦不类[59]。

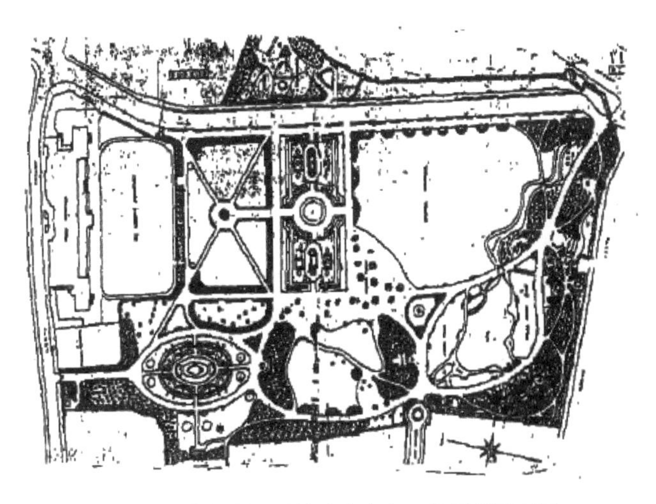

图2-14　郁锡麒设计的上海市复兴公园总平面图

图片来源：互联网

图 2-15　上海市复兴公园大草坪

图片来源：自拍于上海市复兴公园

图 2-16　上海市复兴公园沉床花坛

图片来源：自拍于上海市复兴公园

2006 年，在复兴公园建园 97 年之际，上海市卢湾区城市规划管理局确定了复兴公园更新方案的理念为“生态理念，修旧如旧，合理创新”，对公园进行了一次历时 2 年的较大规模的改造，改造内容为：1）保护、恢复并加强公园的特色风貌；2）改善公园在城市中的功能；3）提升公园的文化层次，创造活动与交流平台；4）挖掘营造其特有的历史文化氛围；5）改善公园环境质量；6）引进少量养护的操作方式。具体操作为：1）加强法式风格这一独特品质，即采用对称规则式结构，花坛、大草坪、喷泉、雕塑等法国园林必要的设计要素，通过现代语言表达；2）保留并加强中国园，突出水系、假山石、典型的中国传统园林建筑在园中的地位，通过细腻的材料表达提升并加强中国园的品质；3）加强对外联系，将公园融入城市：重新建立与科学会堂的联系、将复兴广场纳入公园统一考虑、更新公园与周围道路的界面和入口广场与城市的关系[59][60]。

2008年，上海复兴公园经过整体更新后，其独特历史风貌和人文景观得到了提升和保护，更加焕发出法式园林的气息和神韵。它以清新绿色的环境吸引人们从拥挤喧嚣的城市中走近它，消除紧张与疲劳，调剂精神，呵护心灵。它集自然美、艺术美与生活美于一体，形成人文形态与自然景观浑然天成的园林文化风格。复兴公园的多次更新以继承法式园林风格为前提，保留、修建并新增代表法式园林的景观要素，对具有历史内涵和文化背景的景点有针对性地进行景观价值的提升，使其法式园林的风格更为突出[23][59]。

（2）常州红梅公园

红梅公园位于常州城区中心，是市内最大的综合性公园。1959年8月，常州市政府以天宁林园为基础，征用含文笔塔、红梅阁等古迹在内的红梅乡4个生产队近500亩菜地进行扩建，定名为红梅公园。1960年7月，正式对游客开放。红梅公园因园内的著名古建筑红梅阁而得名。红梅公园作为常州市最大的综合性公园，建成至今虽然经过多次改造，但总体给人感觉较为陈旧，缺乏新意，公园更新刻不容缓（图2-17）。

图 2-17　常州市红梅公园“绿海春晖”

图片来源：常州市园林设计院

为了在更大程度上满足人们对公共休闲游憩场所的进一步需求，给周边居民的生活质量带来较大提高，2005 年，经市政府常务会议研究，决定对红梅公园全面实施敞开扩建，工程设计定位为大众乐园、城市绿肺和园林典范的城市中央公园。该项目是常州市造园史上工程最大，工期最短，新材料、新工艺应用最广，拆迁速度最快，参与人数最多的“民心”工程。现今的红梅公园面积 34.64hm^2，新增公园绿地及游园面积达到 9.3 hm^2[24]。

景观更新后的红梅公园得到了社会的极大认可。首先，它是常州当前规模最大的自然风光旖旎、名胜古迹众多的综合性公园，总投资达 5.8 亿元，市民在此可以充分领略“城在林中、林在城中”的生态景观。其次，红梅公园内功能设施齐全，充分借鉴国内外公园建设的先进经验和广大市民合理化建议，公园内停车、商务、休闲、健身、娱乐、餐饮设施齐备，为广大市民、游客的游憩休闲活动，提供“一揽子”服务，同时红梅公园还配备了先进的观光车辆、导游标识、电子屏幕、电子监控系统和饮水等配套服务设施，使人们充分感受到游园的便利、安全。 第三，红梅公园具有深厚文化内涵，通过敞开扩建更新，坚持“绿化为本、文化为魂”的建园理念，进一步完善了公园的文化景观功能，提升了文化内涵，与天宁宝塔浑然一体，打造了古运河旅游带和天宁风景名胜区的新亮点，常州的历史文化在这里得到了很好的展示和传承。第四，红梅公园内运用现代理念和手法造园，既坚持以人为本，最大限度还绿于民，方便市民休闲、游园，又充分运用现代的设计理念和艺术手法，以及新材料、新工艺、新技术，这在常州公园建设史上也是绝无仅有的。

经过几十年的岁月洗礼，如今的常州红梅公园已成为现代城市公园绿地建设的典范。通过调整和更新，园内林木葱茏，花开四季，人文景观丰富，娱乐项目众多，服务设施齐全，是常州地区最大的集游览、观赏、娱乐为一体的城市核心区最大的城市中央公园[24]（图 2-18）。

图 2-18　常州市红梅公园全景鸟瞰图

图片来源：常州市园林设计院

2.2.3　中国城市公园绿地更新经验与问题

1. 中国城市公园绿地更新经验

随着社会发展，人们的生活方式和思想意识发生巨大变化，中国城市公园绿地在规划内容和表现形式上也呈现出多元化趋势，其间出现了不少优秀案例。它们在更新的理念、方法、技术各层面大胆尝试，使原有“综合老化”的城市公园绿地重新焕发活力，实现科学与艺术的融合。中国城市公园绿地现有的更新经验主要表现为以下几个方面：

（1）从全部封闭到逐步开放

在中国，城市公园绿地起初一直被作为封闭的特殊用地孤立于城市环境之中。为了便于管理，通常用生硬围墙或高大树木将其包围，与整个城市其他用地相互割裂，缺乏有效联系，造成社会效应和生态效应的缺失。这种孤立与封闭也是造成中国城市公园绿地逐渐走向衰退的原因之一[23]。20 世纪 90 年代中后期，由于社会及经济的发展，市民日益提高的物质与精神需求对城市公园绿地的功能和形式产生了极大影响，也对其更新提出新的要求。在此背景下，一方面，中国部分城市公园绿地实行向社会免费开放的政策，通过“拆墙透绿”的更新手法，使城市公园体系不仅局限于公园与绿地系统自身，同时还注重与周边城市空间环境的有机融合。另一方面，部分城市公园绿地更新加强入口及边界空间的开放设计，使其真正成为面向大众的公共活动空间，无形中提升了城市形象。

（2）从功能单一到多元融合

中华人民共和国成立初期，中国城市公园绿地受苏联文化公园模式影响，长期处于“大而全”的功能状态，设计手法程式化、缺少创新，功能结构、景观风格趋向雷同的“平均化”现象，公园绿地逐渐丧失活力。20 世纪末至今，中国城市公园绿地步入“多元化”时代，更新关注经济、社会、生态等多元因素，提升其整体价值和效益。大多数城市公园绿地都尽可能按照场地现有的自然环境和现状特点布置分区，满足不同年龄和爱好的人群要求，有机组织各项游乐活动[23]。

（3）从静态观赏到动态参与

中国城市公园绿地建设初期，以观赏休憩为主的造园初衷过分强调“场景”概念，因而此时期建设的城市公园绿地多以观赏性的静态景观为主。随着城市生活节奏的加快，人们渴求一种可参与的游憩休闲活动场地。因此，城市公园绿地也从“观赏性”的景观体向“参与性”的景观综合体转变。城市公园绿地更新开始关注不同人群的多样需求，如加入健身步道、观景平台、体育运动等参与性强的活动内容，适合不同年龄层次、不同职业身份的人群的内在需求。

2. 中国城市公园绿地更新问题

毋庸讳言，由于缺少严格的理论体系支撑，政策不完善，开发机制不健全等问题，使得多年来在中国城市公园绿地更新中存在着不可忽视的弱点与隐忧，主要表现如下：

（1）理念陈旧

与欧美国家相比，中国在城市公园绿地更新实践上起步较晚，缺乏系统的理论研究，规划理念陈旧。原有的中国城市公园绿地更新实践，重细节轻整体，手法单一；设计元素盲目效仿西方造景风格，程式化表达严重。从中国各地现有的实际案例来看，更新设计中更多的只限于平面层次，从构图的角度出发，将公园绿化、公园广场、各种活动场所、水体、建筑小品等景观元素简单修缮后叠加，使公园绿地空间与城市其他开敞空间缺乏合理、富有生机的衔接和过渡，独立于原有的城市形态之外。现有的中国城市公园绿地更新建设缺乏整体规划开发的观念，用地功能单一，彼此隔离，不能形成完整的城市开放空间体系，无法满足社会活动的多样性和复杂性要求。

（2）短视行为

城市公园绿地是城市中可以自我保养和更新的天然花园，它保留着丰富的城市历史文化痕迹和珍贵的自然资源，是城市最具生命力的景观形态。而中国一些城市在公园绿地更新中只强调短期利益，偏重于场地表层面貌改变，忽视场地原有自然资源、地域文化的延续；偏重于园内景观形式推陈出新，忽视使用者需求；偏重于长官意志，忽视公众的决策权。在更新公园景观时，大搞挖土造湖、堆土造山、修桥建塔等复古主义，此举确能立竿见影，使公园绿地景观显得“优美”、“生态”，但却忽略了许多缓慢或不易察觉的负面影响，劳民伤财，对场地“绿脉”及“文脉”的破坏度较大。

（3）过度开发

中国城市公园绿地更新为保证公园创收，增加经济效益，不可避免地卷入某些商业性经营中。由于城市公园绿地具有独特的区位优势和潜在价值，大量土地被某些单位占用或被急功近利的房地产商过度开发，使普通民众丧失了对于本应属于公共资源的城市公园绿地的享用权，公共利益受损。如在城市公园绿地内盲目扩建儿童游乐场，商家进入公园黄金地段，公园内绿地割舍为停车场等过度开发行为，使原本环境幽静、风景优美的公园特色印象逐渐消失，取而代之的是场地生境破坏、维护难度加大[61]。

2.2.4 中国城市公园绿地更新面临基本矛盾

中国城市公园绿地更新经历了几十年的探索和发展，正进入一个全新的历史发展阶段。机遇与挑战并存，发展与矛盾共生。综合分析，当前严重影响中国城市公园绿地更新科学发展的基本矛盾主要表现为“五大基本矛盾”，即短期更新与长远规划的矛盾、局部更新与整体谋划的矛盾、时代共性与场地个性的矛盾、人工设计与生态恢复的矛盾、人的需求与保护自然的矛盾。正视这五大基本矛盾，深刻分析其内在的关系和侧重点，紧紧抓住主要矛盾和矛盾的主要方面，并对症拿出解决矛盾问题的理论、思路和方法，实为推进中国城市公园绿地更新科学健康发展的当务之急。

2.3 本章小结

本章节首先对国外城市公园绿地起源进行概述，总结国外城市公园绿地更新研究的动态，即更新的理论研究、更新的实践操作、更新的经典案例分析，得出国外城市公园绿地更新的经验，以供中国城市公园绿地更新借鉴。

其次，对中国城市公园绿地起源进行概述，总结中国城市公园绿地更新研究动态，即更新的理论研究、更新的实践操作、更新的经典案例分析，得出中国城市公园绿地更新的经验与问题，并鲜明概括提出了影响中国城市公园绿地更新科学发展所面临的“五大基本矛盾”。

鉴此，发出现实的热切呼唤——中国城市公园绿地更新需要推出新的理论、思路和方法。

参考文献

[1] 许浩 编著．国外城市绿地系统规划 [M]. 北京：中国建筑工业出版社，2003.

[2] 孟刚，李岚，李瑞冬等．城市公园设计 [M]. 上海：同济大学出版社，2003.

[3] 王晓俊．西方现代园林设计 [M]. 南京：东南大学出版社，2000.

[4] Galen Cranz. Women in Urban Parks [J]. Women and American City，1980，11（3）：79- 95.

[5] 魏薇，刘彦．东西方城市公园绿地系统比较—以波士顿和杭州为例 [J]. 华中建筑，2011，1（4）：101-104.

[6] Mary Voelz Chandler. Gender art spans 35 years[J].Rocky Mountain News, 2005, (1): 8.

[7] Carla Cicero .The Marin County Breeding Bird Atlas[J]. A Distributional and Natural History of Coastal California Birds, 1995, 112 (2): 530-533.

[8] Martin F.Quigley.Reducing Weeds in Ornamental Groundcovers under Shade Trees through Mixed Species Installation[J]. Hort Technology, 2003, 13 (1): 85-89.

[9] James Hitchmough.Establishing North American prairie vegetation in urban parks in northern England[J]. Landscape and urban Planning, 2004, 66 (2): 75-90.

[10] Stefan Schindler.Towards a core set of landscape metrics for biodiversity assessments: A case study from Dadia National Park, Greece[J].Ecological Indicators, 2008, 8 (5): 502-514.

[11] Dicle Oguz. Remaining tree species from the indigenous vegetation of Ankara, Turkey[J]. Landscape and Urban Planning, 2004, 68 (4): 371-388.

[12] Kira Krenichyn. 'The only place to go and be in the city': women talk about exercise, being outdoors, and the meanings of a large urban park[J]. Health & Place, 2011, (12): 631-643.

[13] Dicle H. Ozguner. User surveys of Ankara's urban parks[J]. Landscape and Urban Planning, 2010, 52 (2): 165-171.

[14] Susan H.Babey.Physical Activity Among Adolescents[J]. American Journal of Preventive Medicine, 2008, 34 (4):

345-348.

[15] Andrej Christian.Improving contract design and management for urban green-space maintenance through action research[J]. Urban Forestry & Urban Greening, 2012, 7(2): 77-91.

[16] Witold Rybczynski. New York's Rumpus Room[J]. New York Times, 2003.

[17] 裘鸿菲.中国综合公园的改造与更新研究[D].北京:北京林业大学, 2009.

[18] 刘然.城市旧公园改造研究—以天津城市公园为例[D].天津:天津大学, 2011.

[19] 吴靖.北京市公园改造设计现况研究[D].北京:中央美术学院, 2012.

[20] 刘晓彤.传承·整合与嬗变——美国景观设计发展研究[M].南京:东南大学出版社, 2005.

[21] 汤影梅.纽约中央公园[J].中国园林, 1994, 10(4): 36-38.

[22] 左辅强.纽约中央公园适时更新与复兴的启示[J].中国园林, 2005, (7): 68-71.

[23] [加]艾伦·泰特 著.周玉鹏 等译.城市公园设计[M].北京:中国建筑工业出版社, 2005.

[24] 林凌, 城市公园改造设计研究——以常州市为例[D].杭州:浙江大学, 2009.

[25] 肖娟.行为多样化下的城市综合公园改造研究——以湖南烈士公园为例[D].长沙:湖南农业大学, 2011.

[26] 包志毅.城市公园改造设计研究——以常州市为例[D].杭州:浙江大学, 2009.

[27] 郭宗志, 盛镝.浅谈北陵公园改造设计[J].沈阳大学学报,

2002，14（4）：51-53.
[28] 焦胜，曾光明．城市公园的复合开发研究初探[J]．南方建筑，2003，（9）：70-72.
[29] 李丽．自然景观模式的城市公园改造综合分析——以济南大明湖公园改扩建为例[J]．中国园林，2003，（10）：69-72.
[30] 陶敏．中小型城市传统公园的适时更新——以江苏省泰州市泰山公园改造设计为例[J]．小城镇建设，2004，（4）：34-37.
[31] 曾涛，周安伟．常德市诗墙外滩公园改造详细规划[J]．南方建筑，2006，（10）：25-27.
[32] 金梅湘．尊重人文特色，重塑现代公园——汕头市中山公园的改造规划设计[J]．广东园林，2004，（2）：23-26.
[33] 石少峰．“顺其自然”的设计——中山公园改造工程启示[J]．山东建筑工程学院学报，2005，20（1）：16-19.
[34] 李静，张浪．景观外貌生态内涵——合肥瑶海公园植物景观规划构思剖析[J]．安徽农学通报，2006，12（7）：65-67.
[35] 谢凌姝，罗靖．浅议成都市城市设计的问题与出路[J]．四川建筑，2007，27（5）：31-32.
[36] 李惠军．传统城市公园的景观现代化之路——重庆市大渡口区城市中心公园景观设计[J]．规划师，2006，22（1）：25-28.
[37] 褚伟良．公园改建工程中对原绿地的再利用与生态更新[J]．建筑施工，2006，28（10）：831-833.
[38] 肖丽，黄一亮．重庆市人民公园改造投标方案介绍及启示[J]．重庆建筑，2006，（6）：20-23.
[39] 杨洪波．传承与发展——南郊公园总体规划[J]．中外建筑，2007，（8）：6-10.
[40] 裴小明．基于周边环境变迁的综合公园整合设计[J]．华中建筑，2007，25（4）：38-40.

[41] 关延明，李周华．沈阳中山公园景观改造规划设计——兼谈对老公园改造的思考[J]. 技术与市场（园林工程）,2007,(4):11-13.

[42] 李大鹏．城市综合性公园改造与更新规划设计初探[J]. 山西建筑，2008，34（12）：11-12.

[43] 陈名虎．资源保护、历史延续与景观重塑再生——湘潭市雨湖公园改造工程规划设计[J]. 林业科技开发，2008，22（1）：107-111.

[44] 邵花．浅谈儿童公园的改造设计与构思[J]. 广西城镇建设，2008（5）：116-117.

[45] 邹先平．浅析城市公园在改造过程中的功能定位——以株洲市“文化园”提质改造为例[J]. 今日科苑，2008，（14）：227.

[46] 陈柏球．旧城区公园改造规划设计初探——以邵阳市双清公园改造规划为例[J]. 中外建筑，2009，（8）：97-98.

[47] 陈志翔．修旧为创新，整合求转型——杜伊斯堡内港公园改造[J]. 现代城市研究，2006，（3）：80-88.

[48] 崔柳，陈丹．近代巴黎城市公园改造对城市景观规划设计的启示[J]. 沈阳农业大学学报，2008，10（6）：738-742.

[49] 李慧生．城市综合性公园改造若干问题初探[D]. 北京：北京林业大学，2004.

[50] 关午军．重生．再利用[D]. 重庆：重庆大学，2006.

[51] 罗正敏．城市综合性公园改造规划[D]. 南京：南京林业大学，2007.

[52] 唐守宏．续建和扩建城市公园之景观衔接问题研究[D]. 哈尔滨：东北农业大学，2007.

[53] 周成玲．城市旧公园改造设计研究[D]. 南京：南京林业大学，2008.

[54] 潘晶华．哈市现有公园景观评价及改造的研究[D]. 哈尔滨：东

北林业大学，2008.
[55] 林凌 . 城市公园改造设计研究 [D]. 杭州：浙江大学，2009.
[56] 徐慧 . 论上海老公园改造指导思想 [D]. 上海：上海交通大学，2009.
[57] 吴鹏 . 城市公园改造中文化的延续——以南昌市人民公园改造项目为例 [D]. 长沙：中南林业科技大学，2009.
[58] 周波 . 城市公共空间的历史演变 [D]. 成都：四川大学，2005.
[59] 徐慧为 . 论上海老公园改造指导思想 [D]. 上海：上海交通大学，2009.
[60] 崔文波，城市公园恢复改造实践 [M]. 北京：中国电力出版社，2008.
[61] 生茂林 . 地域性城市公园景观设计研究 [D]. 景德镇：景德镇陶瓷学院，2010.

第3章 城市公园绿地有机更新基础理论及构建

3.1 相关概念辨析

3.1.1 绿地

绿地的概念最初来源于“开放空间”一词。19世纪末20世纪初，英国率先提出“开放空间”概念，并以《开放空间法》的法律形式确定其定义和特征[1]。至今，西方城市规划学科中仍在沿用“开放空间”这一概念，但西方各国的法律规范和学术研究对它的定义和范围存在不同理解。英国将“开放空间”定义为：“所有具有确定的及不受限制的公共道路并能用开敞空间等级制度加以分类，而不论其所有权如何的公共公园、共有地、杂草丛生的荒地以及林地”[3]；美国将“开放空间”定义为：“城市内一些保持着自然景观的地域，或者自然景观得到恢复的地域，也就是游憩地、保护地、风景区或者调节城市建设而预留下来的土地，城市中尚未建设的土地并不都是开放空间”[2]；日本的高原荣重教授把“开放空间”定义为：“游憩活动，生活环境，保护步行者安全，及整顿市容等具有公共需要的土地、水、大气为主的非建筑空间，且能保证永久性的空间，不论其所有权属个人或集体”[4]；波兰的相关学者则认为：“开放空间一方面指比较开阔、较少封闭和空间限定因素较少的空间，另一方面指向大众敞开的为多数民众服务的空间，不仅指公园、绿地这些园林景观，而且包含城市的街道、广场、巷弄、庭园等”[6]；C. 亚历山大在《模式语言：城镇建筑结构》中对“开放空间”定义为：

“任何使人感到舒适，具有自然的依靠，并可以看到更广阔的地方，均可以称为开放空间”；H. 赛伯威尔则把“开放空间”定义为“所有园林景观、硬质景观、停车场以及城市里的消遣娱乐设施[5]”。

绿地的概念有广义、狭义之分。广义的绿地是指所有生长着绿色植物的地域，狭义的绿地则指城市规划用地范围内被植被覆盖的土地、空旷地和水体形成的绿化用地。中国把绿地定义为承载生命的绿色土地，是城市开放空间系统的重要组成部分，从空间体的角度看，绿地是一种特殊形式的开放空间，本质是开放的，不仅包括有别于建筑实体的空间开放，还包括向人们开放、能够吸引、容纳社会公共活动，开放空间拓展了绿地的外延，而绿地也限定了开放空间的范畴[7]。

3.1.2 城市绿地

国家行业标准《风景园林基本术语标准》CJJ/T 91—2017 将“城市绿地”定义为：“城市中以植被为主要形态且具有一定功能和用途的一类绿地”。它包括城市建设用地范围内的用于绿化的土地和城市建设用地之外的对城市生态、景观和居民休闲生活具有积极作用、绿化环境较好的特定区域。在该标准的“条文说明”中进一步解释为“广义的城市绿地，指城市规划区范围内的各种绿地[4]”。《城市绿地分类标准》CJJ/T 85—2018 按照城市绿地用地性质和主要功能分为：公园绿地、生产绿地、防护绿地、附属绿地及其他绿地 5 大类[8]。

3.1.3 城市绿地系统

国家行业标准《风景园林基本术语标准》CJJ/T 91—2017 对城市绿地系统定义为：“城市中各种类型、级别和规模的绿化组合而成并能行驶各项功能的有机整体。[4]”

3.1.4　城市公园绿地

国外景观学家蒙·劳里（M.Laurie）在《19世纪自然与城市规划》一书里首次定义了城市公园绿地的现代概念，即作为工业城市中的一种自然回归[9]，他从城市公园产生动因的角度界定了其概念，对城市公园的理论研究具有深远的历史意义。瑞典景观建筑师布劳姆（Holger Blom）认为："城市公园是在现有自然基础上重新创造的自然与文化的综合体[10][11]。"布劳姆强调了城市公园的基本属性，即城市公园是自然的，应拥有大量的植被资源，城市公园又是民主的，体现人与自然的辩证关系以及对文化的传承和积淀，这从新的视角界定了城市公园概念。布劳姆还从功用角度界定了城市公园，认为"城市公园能打破大量冰冷的城市构筑物，作为一个系统，形成在城市结构中的网络，为市民提供必要的空气和阳光，为每一个社区提供独特的识别特征，为各年龄段的市民提供游憩空间，它是一个聚会的场所，可以举行会议、游行、舞蹈，甚至宗教活动等[10][11]"。美国景观建筑学之父奥姆斯特德（Frederick Law Olmsted）把城市公园绿地定义为："城区内非灰色地带的功能性的公共绿色空间[12]。"灰色地带是指城市中以人造物体（包括建筑、道路广场、各种设施等）为主的地带。奥姆斯特德的这一定义强调了城市公园的公共性、功能性、和绿色性。

中国台湾学者陈肇琦将城市公园绿地定义为："依都市计划法定程序所指定之公共设施的公园用地，经由县（市）政府兴建完成，供民众修养、游憩、观赏、运动之绿化园地，有其特定的范围、面积与出入口，服务对象主要以该都市之居民为主，并具备特定的设施，包含游憩、游乐、运动等设施[13]"。中国台湾另一学者林乐建则在《造园》中对城市公园绿地的定义为："城市公园绿地是提供大众享受、休养、游憩之用，能保持都市居民之健康，增进身心之调节，提高国民教养，并自由自在地享受园中设施；兼有防火、避难及防止灾害之绿化地[14]”。

以上是不同时期的国内外学者专家对城市公园绿地（图 3-1）概念的一些定义。中国的相关法律规范标准客观地对城市公园绿地进行了定义。《现代汉语词典》中的释义是：“供公众游览休息的园林[15]”。《中国大百科全书》对城市公园绿地的定义是：“城市公共绿地的一种类型，由政府或公共团体建设经营，供公众游憩、观赏娱乐等的园林[16][17]”。《园林基本术语标准》中对城市公园绿地定义为：城市公园绿地是供公众游览、观赏、休憩、开展户外科普、文体及健身等活动，向全社会开放，有较完善的设施及良好生态环境的城市绿地[4]。建设部 2002 年颁布的《城市绿地分类标准》CJJ/T 85—2018 中把城市公园绿地定义为：向公众开放的以游憩为主要功能，有一定的休息设施，同时兼有健全生态、美化景观、防灾减灾等综合作用的绿化用地。它是城市建设用地、城市绿地系统、城市市政公用设施的重要组成部分，是反映城市整

图 3-1　城市公园绿地

图片来源：自拍于美国芝加哥市林肯公园

体环境水平和居民生活质量的一项重要指标[8]。《公园设计规范》GB 51192—2016 中的城市公园绿地定义为：城市公园绿地是供公众游览、观赏、休憩、开展科学文化及锻炼身体等活动，有较完备设施和良好绿化环境的公共绿地[18]。

中国城市公园绿地分类（表 3-1），根据《城市绿地分类标准》CJJ/T 85—2018[8]，按各种公园绿地的主要功能和内容，将其分为综合公园、社区公园、专类公园、带状公园和街旁绿地 5 大类，前 3 类可细分 11 小类，小类基本与国家现行标准《公园设计规范》GB 51192—2016 规定相对应。

城市公园绿地分类表　　表 3-1

<table>
<tr><th colspan="3">公园绿地类型</th><th>公园内容及特征</th></tr>
<tr><td rowspan="9">城市公园绿地</td><td rowspan="2">综合公园</td><td>全市综合性公园</td><td>为全市居民服务，活动内容丰富，设施完善的公园</td></tr>
<tr><td>区域综合性公园</td><td>为市区内一定区域的居民服务，具有较丰富的活动内容和设施完善的绿地</td></tr>
<tr><td rowspan="2">社区公园</td><td>居住区公园</td><td>服务于一个居住区的居民，具有一定活动内容和设施，为居住区配套建设的集中绿地</td></tr>
<tr><td>小区游园</td><td>为一个居住小区的居民服务、配套建设的集中绿地</td></tr>
<tr><td rowspan="5">专类公园</td><td>儿童公园</td><td>单独设置，为少年儿童提供游戏及开展科普、文体活动，有安全、完善设施的绿地</td></tr>
<tr><td>动物园</td><td>在人工饲养条件下，异地保护野生动物，供观赏、游憩及开展科普活动的绿地</td></tr>
<tr><td>植物园</td><td>进行植物科学研究和引种驯化，并供观赏游憩及开展科普活动的绿地</td></tr>
<tr><td>历史名园</td><td>历史悠久，知名度高，体现传统造园艺术并被审定为文物保护单位的园林</td></tr>
<tr><td>风景名胜公园</td><td>位于城市建设用地范围内，以文物古迹、风景名胜点（区）为主，形成的具有城市公园功能的绿地</td></tr>
</table>

续表

公园绿地类型			公园内容及特征
城市公园绿地	专类公园	游乐公园	具有大型游乐设施，单独设置，生态环境较好的绿地
		其他专类公园	除以上各种专类公园外，具有特定主题功能的绿地，包括雕塑园、盆景园、体育公园、纪念性公园等
	带状公园		沿城市道路、城墙、水滨等，有一定休憩设施的狭长形绿地
	街旁绿地		位于城市道路用地之外，相对独立成片的绿地，包括接到广场绿地、小型沿街绿化用地

表格自绘。

3.1.5 城市公园系统

世界各国由于社会、经济、文化等方面的巨大差异，对城市公园系统的定义也不相同。美国对城市公园系统的定义为："城市公园系统是指公园（包括公园以外的开放绿地）和公园路（Park Way）所组成的系统，具有保护城市生态系统，诱导城市开发向良性发展，增强城市舒适性的作用"[19]。日本对城市公园系统的定义为："城市中各种规模的分散的公园通过绿色道路有机联系起来，使全市的公园形成一个整体，各类公园和公园间的联络道路的规划设计，要满足市民平时的体育和休闲活动需要，又可满足非常时刻的安全和避难要求[20]"。苏联对城市公园系统定义为城市中各类游憩性质的绿地的总和。以上世界部分国家对城市公园系统概念的一些理解，显示城市公园系统的内涵和外延在不断扩展[21]。

3.2 城市公园绿地有机更新概念

3.2.1 有机

生物学中，"有机"对应于"有机体"而言。所谓"有机体"是"自然界中生命的生物体的总称，包括人和一切动植物……它通过新陈代谢的运动形式表现出一系列的生命现象”，同时“机体与环境有相互制约、相互联系的关系……形成对立统一的整体[22]”。

古代道家思想家老子的名言：“人法地，地法天，天法道，道法自然。(《老子》第25章)”，是中国早期有机思想的起源。他提倡“天人合一”的全局意识和整体观念，以及一切要按照大自然所启示的道理行事的哲学思想，这是中国有机思想最初的研究。中国清代画家石涛对事物有如下感悟：“山川万物之具体，有反有正，有偏有侧，有聚有散，有近有远，有内有外，有虚有实，有断有连，有层次，有剥落，有丰致，有飘渺，此生活之大端也。”此番感悟体现了他对有机事物内涵的深刻认识（图3-2）。随着人类历史发展和社会文明进步，人们对有机概念的探讨也在不断深化。1943年，物理学家埃尔温·薛定谔（Erwin Schrodinger）在《生命是什么》的演讲中提出生命有机体的特征在于其机体系统能不断地增加负熵，有机体依赖于系统结构的完整性，他的观点对有机概念的本质有了更深层次的认识。此后，1952年，生物化学家克里克（Francis Harry Compton Crick）与生物学家詹姆斯·杜威·沃森（J.D.Watson），合作研究DNA的双螺旋结构，揭示生物体遗传信息的结构基础，进而说明生命是一个不断复制和进化的过程[23]。“有机”思想起源于生物学研究，而后经过化学、物理等

图3-2 石涛画作

图片来源：《石涛山水画风》

自然科学领域的发展，使其概念逐步演化成一种整体、协调、联系的思想方法，现今已应用在众多学科的理论和实践中[24]。

3.2.2 有机思想在建筑学科中的应用

“有机”思想进入城市建设研究，最先从建筑学科开始。19世纪中期，著名雕刻家格里诺（H· Greenough）由“机能”出发，分析建筑与自然的关联，从而得出有机的定义。他用建筑模拟自然，强调建筑应回归自然法则，这成为“机能主义”思想的源头[25]。美国有机建筑的开创者和代表人物、芝加哥学派的路易斯· 沙利文（Louis Sullivan）主张“形随机能”理念，该主张在他学生弗兰克·劳埃德· 赖特（Frank Lloyd Wright）的早期作品——草原式住宅中得以展现。《建筑大辞典》中对“有机建筑”的定义为：“现代建筑运动中一个重要的派别，以赖特为代表。赖特是20世纪美国最重要的建筑师之一，他把自己的建筑称作有机建筑，认为房屋应当像植物那样，是‘地面上一个基本的和谐的要素，从属于自然环境，从地里生长出来’。他主张设计建筑，应该根据特定的条件形成一个理念，把这个理念由内到外贯穿于整个建筑，在这里局部属于整体，而整体也属于局部，他倡导着眼于内部空间效果来进行设计，打破了过去着眼于屋顶、墙和门窗等实体进行设计的观念”[26]。他设计的流水别墅与宅地、自然、植物等周边环境浑然天成、相互联系，是有机思想的典范之作，得到建筑界高度褒奖（图3-3）。此外，德国建筑师贺林（Haring）也建立了有机理论，夏隆（Hans Scharoun）以作品实践了贺林的有机理论。“有机”思想的建筑理论对建筑师的创作影响深远[21]。

“天人合一”、“道法自然”的传统理念在近代中国建筑发展历程中一直处于劣势地位，而有机建筑观念的发展让当代中国建筑的思想智慧提升到全新的高度[27]。首先，有机建筑理念让中国建

图 3-3 赖特的流水别墅

图片来源:《国外建筑师丛书——赖特》

筑师重视协调建筑与自然的关系，避免建筑对自然环境的破坏和对历史文脉的损伤；其次，有机建筑理念让中国当代建筑探求在传统形式和功能上的与时俱进，不断满足当代人的多种需求。至今，中国建筑界对有机建筑的思想和方法的研究探索，还处于起步阶段，亟需寻求适合中国国情的发展模式。近些年来，中国建筑界的实践过程中涌现了众多隐含有机建筑观念的成功作品，最具代表性的是 20 世纪 80 年代由东南大学主持设计的武夷山庄（图 3-4）。武夷山庄选址在崇阳溪畔的一片坐北向南的斜坡地上，优越的地理位置使其拥有了绝好的风景轮廓线。整体建筑立足于“宜低不宜高，宜土不宜洋，宜散不宜聚”的规划设计原则，力求把建筑置于地域风情之中，融于风景环境之内，以达到建筑风格与自然风景的相互协调。武夷山庄主体建筑高 3 层，采用分散式布局，使建筑组群空间最大限度地融入自然景色，也使建筑体型曲折、富有韵律；建筑建造形式尊重本土风格，采用大尺度坡屋顶，八角形的廊边小窗，带有垂莲柱的挑檐等福建民居的特色形式；建筑材料和技术则运用传统民居造型结构和本土材料，追求历史和文化的延续。武夷山庄与自然环境融为一体，以浓郁乡土气息延续当地的悠久历史文脉，是中国建筑史“有机建筑”的经典代表作[28]。

图 3-4 武夷山庄

图片来源：互联网

3.2.3 有机思想在城市规划学科中的应用

随着城市发展和研究深入，城市规划界逐渐形成了对城市规划的有机性认识。美国生物学及社会学家帕特里克·盖迪斯(Patrick Geddes) 最早提出“城市有机体”的概念,他撰写的《城市之演化》(Cities in Evolution) 一书中曾提出：“城市不仅是空间上的一个地点，也是时间上的一台戏”，从而将哲学、社会学和生物学等学科的观点，引入城市规划中，以全新的角度来研究城市环境。他还告诫人们“城市改造者只有把城市看成是一个社会发展的复杂统一体，考虑到其中的各种行动和思想都是有机联系的、是健康的而不是病态的，这样才能想出更实际的主意”[29][30]。因此，他认为在研究城市规划时，必须整体地、动态地看问题，提出了有机规划的概念，这一思想对后来的城市规划界产生了重要影响。盖迪斯而后提出了有机规划的理念，并用“生活图式”描述了人的生理发展和心理发展的规律，此图式表明环境通过功能作用于生物体，生物体通过功能作用于环境，表明人与环境之间的内在依存关系及作为社会的人的正常发展，人类丰富与实在的生活也是由环境与功能决定的，这一理论对其后城市规划同样具有深远的影响[31]（图 3-5）。

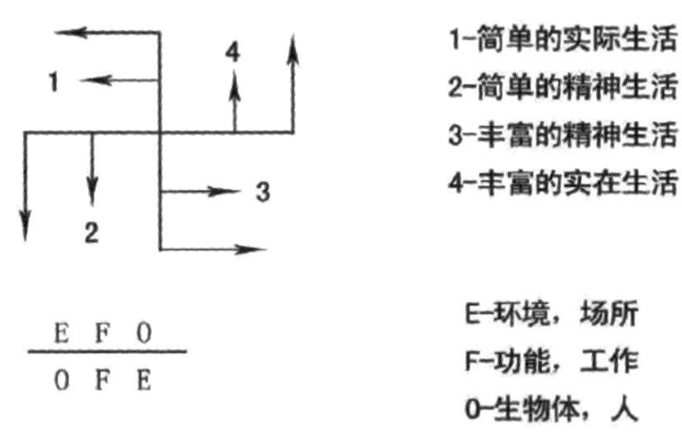

图 3-5　盖迪斯的生活图式

图片来源：吴良镛《人居环境科学导论》

自 20 世纪 60 年代以后，许多西方学者开始从不同角度，对以大规模改造为主要形式的“城市更新”运动进行反思。芬兰籍美国建筑师沙里宁（E·Saarinen）在《城市，它的成长、衰败与未来》中提出了“有机疏散（Organic Decentralization）”的城市规划理论，他认为城市是人类创造的一种生命有机体，它类似于生物和人体，由众多的“细胞”构成。他指出城镇发展过于集中，会产生大量拥挤的贫民窟及出现城市衰退等问题，面对此种情况，唯一补救方法就是采用行之有效的“外科手术”，使得拥堵的城区变得松散[32]。英国社会活动学家霍华德（E·Howard）倡导的“田园城市”规划理论，指出要建设城乡结合、环境优美的新型城市。芒福德（Lewis Mumford）赞同霍华德的“田园城市”理论，并提出应把城市现有的各器官配合起来构成一个更为有秩序的整体，在有机限制的扩散原则下有条不紊地进行。日本丹下健三和黑川纪章为代表的新陈代谢派，以生物界的基本规律为依据，主张采用新技术，不断改进生活设施，适应技术革新带来变革的同时，关注历史传统的新旧关系，尊重保持传统，从而实现城市历史风貌保护和更新的辩证统一[28]。这些理论和观点都是有机思想在城市规划学科中的具体体现。

3.2.4 更新

《辞海》对更新的定义为：革新、除旧布新[22]。吴良镛教授对“更新”做过如下解释：更新包含3层含义，其一是改造、改建或开发，指比较完整的剔除现有环境的某些方面，目的是为了开拓空间，增加新的内容以提高环境质量；其二，是整治，指对现有环境进行合理的调节和应用，一般指局部的调整或小的改动；其三，是保护，指保护现有的格局和形式并加以维护，一般不允许改动，由此可见，更新的内涵较为丰富[33]。更新在英文中，可译作“renewal”、“regenerate”、“renovation”、“rebirth”等，这些单词均带有“re”的前缀，即含有“又”、“重新”、“回复”等涵义。

3.2.5 城市有机更新理论来源

梁思成教授曾称：“北京是都市计划的无比杰作”，它在城市设计上有其独有的特色。梁思成教授的概括，亦意味深长：“北京城是一个具有计划性的整体”，“所以我们首先必须认识到北京城固有骨干的卓越，北京建筑的整个体系是全世界保存得最完好，而且继续有传统活力的、最特殊、最珍贵的艺术杰作，这是我们对北京城不可忽略的起码认识。就大多数文物建筑而论，也都不仅是单座的建筑物，而往往是若干座合理而成的整体，为极可宝贵的艺术创造，故宫就是最显著的一个例子。不仅应该爱护个别的一殿、一堂、一塔，而且必须爱护它的周围整体和邻近的环境。我们不能坐视，也不能忍受一座或一组壮丽的建筑物遭受各种格式直接或间接的破坏，使它们委屈在不调和的周围里，受到不应有的宰割[34]”。

20 世纪 90 年代以来，北京市对旧城区进行了大规模的更新改造。传统四合院和胡同被大量拆除，取而代之的是商业办公楼及住宅楼的不断涌入，北京旧城的传统风貌和历史文化特色不断被侵蚀和消隐。一些中国建筑师在研究如何继承北京旧城传统风貌和历史文化特色的同时，对与时俱进地满足现代居民生活需求等方面也开展深入研究。其中最为著名的是清华大学的吴良镛院士，他在对北京旧城改造的长期研究基础上，结合东西方城市发展的历史理论，针对北京市的现实情况，提出“城市有机更新”这一城市更新规划的经典理论。1979 ~ 1980 年由他领导的北京什刹海规划研究中，“城市有机更新”理论的雏形就已经形成，后又经由他主持的北京菊儿胡同改造得以实践。

北京菊儿胡同东起交道口南大街，西止南锣鼓巷，全长 438m，居住有 200 多户居民。由于菊儿胡同地处京城，历史悠久、文化背景丰富，改造内容又是富有特色的四合院民居，所以如何协调建筑的时代性与自然环境、人文历史之间的关系成了项目的重点。北京菊儿胡同在吴良镛院士的实践中，完成了命运的转换。在北京菊儿胡同的改造中，吴良镛先生秉承“有机更新、类四合院”的基本规划原则，提出应对其体形环境的有机秩序进行整体保护。他认为城市的基本细胞是由住宅和居住区构成，它的肌理与质地，对于构成文化名城的建筑物质环境体系尤为重要。他还认为城市永远处于新陈代谢之中,居住区内的住房也是要更新的,要保留（相对）完好者，逐步剔除其破烂不适宜者。因此，城市规划建设时，新的建设应较为自觉地顺其肌理，用插入法，以新替旧，一般不必要全面地推倒重来，只是在特殊的情况下，才需要“动手术”。他用“新四合院”体系替代传统的四合院，“新四合院”既有单元式公寓住房的私密性，又具有合院住房社区的邻里情谊，适应了当今生活的精神需要。

吴良镛院士在其所著的《北京旧城与菊儿胡同》一书中正式总结出：“所谓‘有机更新’，即采用适当规模、合适尺度，依据改造的内容与要求，妥善处理目前与将来的关系，不断提高规划设计质量，使每一片的发展达到相对完整性，这样集无数相对完整性之和，即能促进北京旧城的整体环境得到改善，达到有机更新的目的。”吴良镛院士提出的“城市有机更新”理念从城市的“保护与发展”角度出发，是基于对城市历史理论研究和从 20 世纪 50 年代以来对旧城发展观察思索所得出的结论。他所阐述的“城市有机更新”理论包含两方面内容：

（1）实体环境（Physical Environment）的“有机更新”

一个城市是千百万人生活和工作的“有机载体（Living Organism）”，构成城市本身组织的城市细胞总是经常不断地代谢的。有的因其建筑材料与结构较坚固，可以较为永久。有的因其建筑材料与结构相对简陋，就较易破旧，城市细胞总是要不断更新，这是一般的规律。以住房为例，我们总是要保留、维修其大体完好的房屋，逐步剔除其破烂不适宜者，而以新房充替之。其他如城市的基础设施，也需要不断地有机更新。

（2）经济社会结构的“有机更新”

城市中所谓“衰败地区（Blighted Area）”，是由于地区物质环境的衰败等导致地方税收之减少与市政补贴之增加。做好城市更新，有助于提高地区的经济活力，增加城市的繁荣。实体环境之衰败，特别在西方城市，每每引起犯罪活动的增加、地区社会素质下降。城市地区的更新，有助于改善社会环境，提高文化水平，改善经济状况，增进都市文明。

吴良镛院士还提出通过持续的“城市有机更新”方法，将使城市走向新的“有机秩序”，其包含两层含义：

（1）“持续发展”战略

在我们城市建设中，常存在这样一种情况，总是希望发展规模大些、速度快些，对改建旧城也每每企图“毕其功于一役”。当然这种愿望是好的，如果真正能够做到则更好，问题是“是否可以做到？”如危旧房改造这是改善人民生活，改进环境与市容的一件大事，也是从领导到不少建筑工作者急老百姓之所急，梦寐以求的事情。但作为专业工作者不能不强调，旧城内危旧房改造是旧城改造中难度很大的工作。首先要筹划资金，继之要研究效果，它涉及旧城的环境质量，包括生活质量、艺术质量是得以提高还是降低，甚至关系到留有隐患的重大问题。如果不急于求成，而是采用比较稳妥可行的做法，即所谓“可持续发展（Sustaniable Development）”战略更为正确。

（2）有引导地走向新的“有机秩序”

在“保护与发展”矛盾中持积极态度，以“发展求保护”，根据其内在规律，有规划有引导地进行分批分期地、持续的有机发展，不仅旧城的整体美得以保护，并可以做到积极地推进环境的改善，使之重新走向新的有机秩序。首先努力提高城市建筑物的表现力（Expression），即特色性塑造，“正像大自然形式的丰富多彩是建立在某种意味深长的‘秩序’之上的。这种秩序在每种形式上都不相同，并且表示着形式所蕴藏的含义。”其次，努力提高建筑物之间的“相互协调”（Corelation），即把事物结合在一起，形成具有协调性秩序的完整景色。也就是中国美学思想中所谓“和而不同，违而不乱”。“有机秩序”的取得，在于依自然之理，持续地有序发展，并融“整体美”与“特色美”为一体[35]。

“城市有机更新”理论丰富和拓展了城市改造的理论成果，为旧城改造开拓了新视角，在北京、苏州、济南等中国历史文化名城改造中得到不同程度的应用，引起了国际上的广泛赞誉和关注。

3.2.6 城市公园绿地有机更新概念

“有机更新”理论不仅是一种观念和思想，它也是一种方法和手段，对于探讨和研究事物可持续发展具有指导意义。“有机”即按照城市内在的发展规律，顺应城市之肌理，在可持续发展的基础上探求城市的更新与发展。“更新”是指为了满足城市居民生活的需要而对城市现存环境进行的必要的调整与变化，是有选择地保存、保护并通过各种方式提高环境质量的综合性工作。它既不是大规模的拆建,也不是单纯的保护,而是对城市发展的一种适时的“引导”。“有机更新”理论的应用范围十分广泛,不但适用于旧城改造,在城市公园绿地更新中同样具有十分重要的指导意义。

笔者将城市公园绿地有机更新概念定义如下：城市公园绿地有机更新应秉承“尊重自然、顺应自然、保护自然”和“天人合一、人与天调”的生态文明理念，以长远规划、整体谋划、特色塑造、生态恢复、人与自然双赢等原则为关键抓手，妥善处理当下与未来的关系，遵循城市公园绿地内在发展规律，顺应城市肌理，延续并发展城市公园绿地的个性特色，以期实现城市公园绿地的可持续性、整体性、特色性、生态性、双赢性发展。

3.3 城市公园绿地有机更新影响因素

城市公园绿地的产生、发展有其特定的历史时期、自然环境、文化渊源及社会背景。城市公园绿地有机更新应充分考虑原有城市肌理、城市经济水平、城市历史文化特色、现代人的需求等因素，并妥善处理各因素之间的相互关系，分期分阶段逐步进行。

3.3.1 自然因素

美国著名景观大师约翰·O·西蒙兹（John O. Simonds）曾说过："所有自然规划的中心思想是创造一个更加健康、生机勃勃的环境，一种更加安全、有效、祥和、富有成果的生活方式。显然，如果我们是环境的产物和继承者，就必须重视环境的特性[36]"。这里的环境特性就是指自然因素，它主要包括气候、光热、风向、地质水文、地形地貌、土壤、植被、动物、人乃至整个生态系统。

自然因素是风景园林作品中最具活力和感染力的部分。城市公园绿地有机更新应充分认知和尊重场地原有的自然特征及属性，保护珍贵自然资源的同时，合理引导和开发，从而使场地拥有持续的生命力。如在城市公园绿地有机更新过程中，以场地原有地形地貌为基础，分析总结出对项目影响最大的地形特征，创造相对应的景观空间；又如风景园林师应掌握城市公园绿地更新地区的大气候背景和小气候特征，巧妙利用本土植物造景；再如，风景园林师应当通过合理的场地规划与布局，创造与气候相适应的景观空间，以期缩减气候的极端情况，改善区域微气候环境。

3.3.2 文化因素

传统文化凝聚了一个民族以千百年历史为经验积淀的精神力量，它不断被继承、扬弃和发展。城市公园绿地承担着特有的城市文化功能，它既能展示城市的历史文化，也是对城市传统的记录和传衍，甚至是再创造。城市公园绿地文化传统可分为显性形态和隐性形态两个方面，显性形态表现为建筑、小品、水景、栽植等要素，隐性形态是指那些潜在的社会历史、习俗、宗教信仰等对人们的深刻影响。风景园林师在城市公园绿地有机更新过程中，应充分挖掘和保护场所特有的历史文化要素，用含蓄而深刻的手法再现和发展其内涵。如当前国内多数城市公园绿地的景观更新，很大程度上继承和发扬了中国古典园林的造园传统。

3.3.3 经济因素

经济因素是制约城市公园绿地有机更新进程的重要因素。如在 19 世纪初，城市公园起源时，其建设需要大量资金支持，但由于当时的经济水平和社会条件相对落后，此阶段形成的城市公园绿地规模小、形态简单。中国改革开放后，开始施行市场经济体制，城市经济结构发生变动，对城市旧有空间结构造成巨大的冲击。经济发展水平的高低对城市公园绿地更新的影响主要体现在：首先，城市职能多样化带来城市公园绿地有机更新的契机，特别是随着第三产业在城市经济中所占的比重不断上升，旅游、休闲娱乐、商业、房地产开发等产业成为城市经济的支柱产业，逐步占据城市中心区，这些新的城市职能要求城市公园绿地更新进程能与之相协调发展；其次，正确评估城市的经济实力，在其经济能力范围内，分期分阶段地逐步进行城市公园绿地有机更新进程，实为科学持久之策；第三，随着城市经济发展，新技术和新材料的产生和运用，使风景园林师具备了超越传统视觉效果的物质基础条件，他们在城市公园绿地有机更新中大胆尝试“质感、色彩、光影、仿真效果”等新内容，创造赋予现代特色的城市公园作品，实现了历史与现代的对话。

3.3.4 人的需求因素

阿尔伯特·拉特利奇（Albert J.Rutledge）指出：“设计者的出路就是在那些所谓大师与自我专制者之间开拓一条中间的道路，

这就需要有一个超越自我而进入他人的意境，然后再回到自我内心世界的过程，从而卓有成效地进行设计”。城市居民及游客是城市公园绿地的主要使用者，他们的意愿和需求在某些方面牵动了城市公园绿地有机更新的发展方向。更新应充分考虑不同年龄、职业、性别人群的行为习惯和特点，规划相应的功能分区和公共设施，满足不同人群的使用需求，做到更新真正以人为本、为人而做。

3.4 城市公园绿地有机更新动因

3.4.1 自上而下——政府系统决策

城市公园绿地有机更新离不开政府系统决策的支持与引导，政策法规是城市公园绿地建设行为的依据，也是实施的保障。相关政策法规决定着城市公园绿地的发展目标与运行方式，进而决定了其更新的方向与方法。

城市公园绿地有机更新单凭专业队伍的努力是不够的，大多数情况下，作为决策者的政府起着关键的引导作用[37]。政府应以长远目光把握社会走向，增进对园林文化的了解，以科学的态度鼓励、理解、支持规划设计师的专业创造，将经济等利益和促进城市公园绿地长远发展有效结合，综合权衡考虑后做出系统化决策。政府在做城市公园绿地有机更新系统化决策时，还应该把握好“度”，即通过更新过程中的适度干预引导其向良好的方向发展。如完善管理运作模式，加快政府部门主要职能的转变，组织和发动更多民间机构参与研究策略和制定政策的过程；又如积极学习国外此方面的先进管理方法与开发模式，总结经验教训，科学合理地拓展融资渠道；再如由城市绿化管理部门组织评估申请更新的城市公园绿地真实使用现状，用整体发展的眼光看待问题，科学排布合理的分配资金及更新建设的先后顺序，使城市公园绿地真正得到适时更新，满足市民的生活需求；最后，政府应逐渐建立健全相关法律法规体系，通过其强有力的保护和监督，使城市公园绿地有机更新全过程避免受其他外界因素的干扰，顺利进行。

3.4.2 自下而上——公众使用需求

城市居民与游客是城市公园绿地的主要使用者，有机更新过程需完善公众的参与机制，根据其变化的需求，不断调整内部功能，使公众成为城市公园绿地有机更新建设真正的主人。中国城市公园绿地中的公众参与活动多数是被动的，他们在享受游览活动带来的愉悦之余，遇到其中的不便只能隐忍，如公园绿地缺乏必要的公共服务设施，导致休憩、用餐、如厕等需求无法满足，又如公园绿地内的无障碍设施极度缺乏，使特殊人群无法实现正常的游园活动等。因此，满足公众使用需求是城市公园绿地有机更新的重要动因之一。

公众在日常使用和游览城市公园绿地过程中发现的问题，对城市公园绿地有机更新具有重要的建设性意义。公众虽为非专业人士，但他们的意见中却往往带有许多规划设计师忽略的因素和环节。目前中国城市公园绿地更新过程因缺乏公众的参与和支持，无法汲取真正利益主体的各种意见与建议，因此，更新方案不能最大限度地体现其价值和意义。同时，由于公众个体之间存在差异，众多利益难以协调统一，因此中国城市公园绿地有机更新的公众参与制度尚没有起到应有的作用。

3.4.3 由内而外——公园运营需求

面对现代园林景观的高速发展，中国城市公园绿地由于建造时受历史局限，又历经风雨沧桑，往往早已失去往日风采。中国建于20世纪50～60年代的传统模式的城市公园绿地，在内容设置、功能结构等方面都极为相似。随着时间的推移，由于国家对城市公园绿地维护的人力、物力、财力等方面投入较少，使其不同程度地出现设施陈旧、功能布局不协调、人性化服务不完善、管理落后等问题，城市公园绿地运营困难，举步维艰。新形势下，城市公园绿地的自身运营需求，迫使其进行蜕变，重塑价值。

3.4.4 由外而内——社会发展需求

城市化带来了人们对现代园林景观及高质量生存环境的需求，城市化也使园林景观在生态技术、地域文化、社会价值及现代艺术等领域多元化发展。2012年11月18日，住房和城乡建设部以城建[2012]166号印发了《关于促进城市园林绿化事业健康发展的指导意见》，明确了城市园林绿化的性质和功能是“为城市居民提供公共服务的社会公益事业和民生工程，承担着生态环保、休闲游憩、景观营造、文化传承、科普教育、防灾避险等多种功能”。现代社会的政治、经济、文化发展水平对城市公园绿地更新过程产生潜移默化的影响，因此，城市公园绿地更新应与社会发展同步，与时俱进。

3.5 城市公园绿地有机更新目标

笔者在分析城市公园绿地有机更新的影响因素和相关动因后，将城市公园绿地有机更新的目标总结为实现“五大发展目标”，即实现可持续性发展、实现整体性发展、实现特色性发展、实现生态性发展和实现双赢性发展，五大发展目标为中国城市公园绿地有机更新的科学发展方向。

3.6 本章小结

本章首先对与城市公园绿地有机更新相关的概念进行罗列和梳理，重点对有机思想在建筑学、城市规划学等学科领域中的应用，进行分析研究，在此基础上得出了本书所定义的城市公园绿地有机更新的基本概念。

第二，对影响城市公园绿地有机更新的相关因素分类阐述，得出城市公园绿地的产生、发展有其特定的历史时期、自然环境、文化渊源及社会背景。城市公园绿地有机更新应充分考虑原有城市肌理、城市经济水平、城市历史文化特色、现代人的需求等因素，并妥善处理各因素之间的相互关系，分期分阶段逐步进行。

第三，对城市公园绿地有机更新的推动因素进行多角度分析，即自上而下、自下而上、由内而外、由外而内等多种动力来源，它们共同作用促使城市公园绿地实现有机更新。

第四，对城市公园绿地有机更新的目标进行总结，即实现“五大发展目标”，实现城市公园绿地有机更新可持续性发展、整体性发展、特色性发展、生态性发展、双赢性发展。

基于以上四部分内容，奠定了后续有关研究的基础。

参考文献

[1] 中华人民共和国国家标准.城市规划基本术语标准GB/T 50280-98[M].北京：中国建筑工业出版社，1999.
[2] 高中岗.中国城市规划制度及其创新[D].上海：同济大学博士学位论文，2007.
[3] http：//baike.baidu.com/view/36254.htm？ fr=ala0_1
[4] 中华人民共和国国家标准.风景园林基本术语标准CJJ/T91-

2017[M]. 北京：中国建筑工业出版社，2002.
[5] 全国城市规划执业制度管理委员会 . 城市规划原理 [M]. 北京：中国建筑工业出版社，2000.
[6] 中国大百科全书（建筑、园林、城市规划分册）[M]. 北京：中国大百科全书出版社，1991.
[7] 王富海,谭维宁 . 更新观念——重构城市绿地系统规划体系 [J]. 风景园林 .2005,（4）: 23-25.
[8] 中华人民共和国国家标准 . 城市绿地分类标准 CJJ/T85-2002[M]. 北京：中国建筑工业出版社，2002.
[9] 弗朗西斯科· 阿森西奥· 切沃 编著，龚恺 等译 . 城市公园 [M]. 南京：江苏科学技术出版社，2002.
[10] 孟刚，李岚，李瑞冬，魏枢 编著 . 城市公园设计 [M]. 上海：同济大学出版社，2003.
[11] 林菁等 . 欧美现代园林发展概述 [J]. 建筑师，1998，10（6）: 103.
[12] 刘学军 . 关于景观建筑学的基本要点分析 [J]. 南方建筑，2003（4）: 1-3.
[13] 高雄市公园绿地发展计划规划案 [EB/OL].http: //edesign.fcu.edu.tw.1997.
[14] 林乐建等 . 造园 [M]. 台北：地景出版社，1995.
[15] 中国社会科学院语言研究所词典编辑室编 . 现代汉语词典（2002 年增补本）[M]. 北京：商务印书馆，2002.
[16] 徐波,赵锋,李金路 . 关于“公共绿地”与“公园”的讨论 [J]. 中国园林，2001,（2）: 6-10.
[17] 中国大百科全书编委会编 . 中国大百科全书（建筑 - 园林 - 城市规划卷）[M]. 北京：中国大百科全书出版社，1985.
[18] 住房和城乡建设部 . 公园设计规范 GB 51192—2016 [M]. 北京：

中国建筑工业出版社，2017.
[19] 许浩 编著 . 国外城市绿地系统规划 [M]. 北京：中国建筑工业出版社，2003.
[20] 许浩 编著 . 对日本近代城市公园绿地历史发展的探讨 [J]. 中国园林，2002，(3)：57-60.
[21] 江俊浩 . 城市公园系统研究 [D]. 成都：西南交通大学，2008.
[22] 辞海缩印本 [M]. 上海：上海辞书出版社，1979.
[23] 徐倩 . 有机更新理论指导下的山地城市公园改造设计 [D]. 重庆：西南大学，2010.
[24] 刘源 . 现代城市有机更新的适应性理论及方法探析 [D]. 重庆：重庆大学，2004.
[25] 刘易斯，芒福德著，倪文彦，宋峻岭译 . 城市发展史 [M]. 北京：中国建筑工业出版社，1989.
[26] 叶毅，吴钦照主编 . 建筑大辞典 [M]. 北京：地震出版社，1992.
[27] 梁旭方 . 解析赖特有机建筑思想及对中国当代建筑设计的启示 [D]. 长春：东北师范大学硕士论文，2009.
[28] 贾超 ."有机更新"理论在城市公园改造中的应用和探索 [D]. 福州：福建农林大学，2012.
[29] MartinF.Quigley.Franklinpark：150 years of changing design，disturbance and impact on tree grouth[J].Urban Ecosystems，2002，22 (6)：223-235.
[30] 林坚，杨志威 . 香港的旧城改造及其启示 [J]. 城市规划，2000，(7)：50-51.
[31] 吴良镛 著 . 人居环境科学导论 [M]. 北京：中国建筑工业出版社，2001.
[32] [美] 伊利尔· 沙里宁著 . 顾启源译 . 城市——它的发展、衰

败与未来 [M]. 北京：中国建筑工业出版社，1986.
[33] 万勇 著 . 旧城的和谐更新 [M]. 北京：中国建筑工业出版社，2006.
[34] 梁思成 . 北京——都市计划的无比杰作《梁思成文集》第四卷 [M]. 北京：中国建筑工业出版社，1986.
[35] 吴良镛 . 北京旧城与菊儿胡同 [M]. 北京：中国建筑工业出版社，1994.
[36] [美] 约翰·O·西蒙兹著，俞孔坚，王志芳，孙鹏译 . 景观设计学（场地规划与设计手册）[M]. 北京：中国建筑工业出版社，2000.
[37] 郑丽蓉，唐晓敏，车生泉 . 现代城市公园发展的困境及策略探讨——以上海为例 [J]. 上海交通大学学报，2003，21（12）：78.
[38] 李一，田敦，李朝阳编 . 石涛山水画风 [M]. 重庆：重庆出版社，1995.

第4章 城市公园绿地有机更新可持续性发展研究

可持续的环境和发展必须“放眼世界，行于足下（Think globally, act Locally）”，而景观正是“行于足下”的立足点，是实现可持续地球环境的一个可操作界面。实现地球环境的可持续和人类的可持续发展，是景观设计学的核心，也是每个景观设计师不可推卸的责任。

——俞孔坚[1]

4.1 城市公园绿地有机更新可持续性发展背景与意义

4.1.1 短期更新与长远规划矛盾表现

短期更新与长远规划的矛盾，是影响中国城市公园绿地有机更新可持续性发展的一对基本矛盾。两者既对立又统一，讲其对立，是因为两者各有其特定站位和要求，短有短的难处，长有长的道理，两者常发生碰撞和抵触。讲其统一，是因为两者根本利益是一致的，短期更新是实现长远规划的具体步骤，长远规划是指导短期更新操作的总体目标，两者都要统一到城市公园绿地有机更新的可持续性发展上来。但纵观面上情况，很多地方没有处理好这对矛盾，突出的问题是“重短轻长”，只重视短期更新，不重视长远规划；“有短无长”，只有短期更新，没有长远规划；甚至是“以短损长”，短期更新虽解决了一时的问题，却对城市公园绿地长远发展带来隐患和弊端。归根结底，就是把短期更新变成了“头疼医头，脚疼医脚”的“短期行为”，以致造成对城市公园绿地更新的“建设性破坏”。这方面的偏向主要有以下三种表现：

1. 应急性更新

城市公园绿地应急性更新多表现为政府部门的管理者为了应付上级检查或配合城市整体更新建设需要，在时间紧、任务急的压力下，针对公园绿地现状问题而采用的“缓解之术”。这种临时抱佛脚、治标不治本的更新模式，虽有可能在短时间内收到一定的效果，但实际并没有彻底解决公园绿地的深层次矛盾，甚至埋下长久的严重隐患。近年来，中国城市公园绿地由于应急性更新，使其在短期内历经多次改造，却收效甚微的案例屡见不鲜。如部分城市往往在举行大型赛事或活动之前，仅用数十天的时间更替公园绿地内部的道路、广场、植物、小品等，造成其景观功能混乱、形式繁杂。如南京市总统府前市民广场更新工程，由于建设时间短、规划设计欠周全考虑，景观粗糙，人气较差（图 4-1）。

图 4-1 南京市总统府前市民广场

图片来源：自拍于南京市总统府前广场

2. 表层性更新

城市公园绿地表层性更新多停留在造园要素的表面效果和局部效果，热衷于物质形态的景观更新，如对公园绿地内的道路场地、建筑小品、基础设施等进行表面形式的维修、更换和增添。表层性更新方式多从技术和经济的角度出发，缺乏对城市整体环境认识的连续性，如在城市局部地段进行零星式的大拆大改，忽略城市公园绿地原有的文化景观、生态资源和肌理结构，特别是对一些不可再生的人文及自然资源造成了无法弥补的伤害，严重制约了城市公园绿地的可持续性发展。

3. 功利性更新

政府长期的过度干预使得中国城市公园绿地更新呈现功利性发展。如政府官员及管理者过度追求政治和经济利益，忽视研究人员和设计人员的专业意见，为“一时之利或一己之利”，对城市公园绿地更新过程，强加政治意图或个人喜好，做出“缺乏战略眼光，缺乏全局思考，热衷政绩工程，追求轰动效应”的决策，不仅造成了大量人力、物力及公园绿地现有珍贵资源的破坏和浪费，同时严重损害公众利益，导致城市公园绿地难以永续发展。如中国众多位于城市中心的公园绿地，由于领导“贪大求洋”主观意志主使，更新出现了大尺度、少绿地、少人性空间的铺装广场，场地看似气派，实际毫无游赏乐趣（图 4-2）。

4.1.2 城市公园绿地有机更新可持续性发展意义

正确处理短期更新和长远规划的关系，着眼长远利益，摒弃短期行为，以高度的历史责任感和对人民负责的根本立场，把造福当代与造福后代有机统一，谋求中国城市公园绿地有机更新的可持续性发展，具有重大的现实意义和深远的历史意义。

首先，这是遵循事物可持续发展规律的必然要求。自然系统

图 4-2 中国某城市大型铺装广场

图片来源：互联网

是一个生命支持系统，如果它失去稳定，一切生物（包括人类）都不能生存。这种稳定，体现在保护和加强环境系统的生产和更新能力上。正如一切有“生命”的事物一样，城市公园绿地作为一个生命体，其更新也应遵循事物可持续性的发展规律，必须“瞻前顾后”，谋求长期发展，而不能“吃祖宗饭，断子孙路”。著名学者凯文· 林奇（Kevin Lynch）曾这样阐述：“每个地方不但要延续过去，也应展望连接未来。每个场所都要持续的发展，对其未来及目标负责[2]”。城市公园绿地有机更新在面临短期更新和长远规划的矛盾时，应坚持以长远规划为前提，为未来公园绿地的长久发展打好基础、创造条件、留有余地，切实做到“既满足当代人的需求，又不对后代人满足其需求的能力构成危害”。

同时，这也是贯彻落实国家可持续发展战略的具体行动。1992 年，中国政府首次把可持续发展战略纳入我国经济和社会发展的长远规划。1997 年，党的第十五次全国代表大会又把可持续发展战略确定为我国“现代化建设中必须实施”的战略。城市公园绿地有机更新可持续性发展，正是在这一领域贯彻落实国家战略的具体体现。尤其对各级政府领导者而言，在城市公园绿地更新中，是从“一时之利或一己之利”出发，热衷于搞应急性、表面性、功利性更新，还是着眼城市的长远发展，搞好多元性、动态性、长期性的更新，这既是对执政理念的检验，也是如何对待国家战略大局观念的检验。只有坚持执政为民，充分认识对自然、社会和子孙后代应负的责任，才能自觉将可持续发展战略化为自觉行为，使城市公园绿地的更新生机勃勃，源远流长，既利在当代，又功在千秋。

4.2 城市公园绿地有机更新可持续性发展理论依据

4.2.1 可持续发展理论

20 世纪 60 年代，人们逐渐认识到经济飞速发展的同时，城市生态环境也遭到急剧污染与破坏，此时关于“人与自然和谐相处”的可持续发展思想萌发。1987 年 4 月，挪威首相、联合国环境与发展委员会主席格罗·哈莱姆·布伦特兰女士（Gro Harlem Brundtland）向联合国大会提交研究报告《我们共同的未来》时，首次明确提出“可持续性发展”概念，即“既满足当代人的需要，又不对后代人满足其需要的能力构成危害的发展”。这句话成为 20 世纪 90 年代环境主义（Environmentalism）的规划指导原则。1992 年，巴西里约热内卢召开的联合国“环境与发展”大会上，再次将“可持续性发展”概念提到前所未有的高度,会上发表了《里约热内卢宣言》和《21 世纪议程》，为人类社会经济与资源环境的协调发展，指明了走可持续性发展道路的方向[3]。

“可持续性发展”概念包含两层含义：首先，是“可持续”，即保持自然界、人类社会持续发展的客观规律与可能性，避免人为使其间断，出现不可逆转的后果，保护现有的物质文化资源，使当代与子孙后代享有同等的使用权；其次，是“发展”，即在保证“可持续”基础上，寻求科学合理的发展道路，使人类社会朝着更加文明、进步的方向持续发展[4][5]。

社会、资源、经济以及环境保护是一个密不可分的发展系统，在以发展经济为目的同时，应保护好人类赖以生存的土地、大气、海洋以及森林等自然资源环境，让子孙后代实现可持续性发展。

4.2.2 弹性更新理论

弹性的定义是“生态系统忍受扰乱而不至于崩溃的能力”。弹性是人类和生态系统被赋予的、自我恢复和适应未来的能力，也是人类被赋予的预测和规划未来的能力。弹性更新理论是建立在项目前期的评估工作基础之上，即对已建成的公园绿地环境资源配置、空间布局、功能划分、植物群落等方面进行科学的全局考虑，目的是使公园绿地在更新后的一段相当长的时期内都能适应社会发展需要，而后进行的小范围的局部更新就是按照此种预想，在不破坏整体格局的条件下进行。弹性更新既是一种设计手法，更是一种设计理念。弹性更新理论的引入，将对城市公园绿地有机更新可持续性发展的方法探索产生深远的影响，也必然会导致从绿地形态、功能格局到使用者行为活动习惯的变化。弹性更新理论的衡量标准是适度，不能目光短浅，也不能浪费资源。

4.3 城市公园绿地有机更新可持续性发展特征

4.3.1 多元性

城市居民生活包含政治、经济、文化、自然环境等多方面因素，城市公园绿地有机更新可持续性发展应努力促使市民的生态效益、社会效益、经济效益与文化效益等多元效益的获得。城市公园绿地是城市公共开放空间的重要组成部分，是一个综合整体。它在一定的经济条件下产生，必须满足特定的社会功能，符合自然规律发展，遵循生态原则，同时还属于艺术范畴，它与社会、自然、文化、政治等均不可分割。城市公园绿地有机更新可持续性发展应以实现多元效益为目标，合理协调它们之间的关系，形成良性循环，最终发挥城市公园绿地系统的多元综合效益。

4.3.2 长期性

城市公园绿地有机更新可持续性发展具有长期性，风景园林师应充分考虑“当前与当代的关系，当代与世代的关系”，更新规划不仅要满足当代人的当前需要，更要为子孙后代继续发展预留资源。不能自私地以“杀鸡取卵”的手段来满足目前的需要而不考虑后果，而应从实际情况出发，坚持长期更新的观点，提倡环保、节能的“绿色更新”，进行合理的小规模、适度的续扩建，变大拆大建的“变旧为新”为渐进式的“整旧如新”。

4.3.3 动态性

城市公园绿地是一个协调统一的整体，也是一个富含生命体的复杂系统。它的整体协调性处于动态的平衡，即城市公园绿地系统内部的各单元之间总在不断地相互适应，而整个系统也处于不断的变化之中。“任何改建都不是最后的完成，也从没有最后的完成，而是处于持续的更新之中[6]”。因此，城市公园绿地有机更新可持续性发展是动态的过程，即动态规划、动态实施、动态监测、动态管理等。

4.4　城市公园绿地有机更新可持续性发展规划方法

4.4.1　战略前瞻，长远规划

实现城市公园绿地有机更新可持续性发展，首先应借鉴行业内最新的前沿理论及技术，用战略前瞻的理念指导更新的多个环节。如美国纽约中央公园的“人造自然”特征就是设计师奥姆斯特德最初设计的远见卓识，这也被为后世的风景园林师与城市规划师所推崇和景仰。在奥姆斯特德“绿草地”的设计方案中，最大的创意就是有预见性地提出了“分离式交通系统（Separate Circulation Systems）”，即马车道、人行道及观光车道自成体系。他还在排水和道路等基础设施建设中，采用当时的最先进技术，隐藏式设计了基础设施和穿越的商业性交通，同时结合城市未来交通发展趋势和需要，设计了4条下沉式穿行车道，两旁栽植浓密的灌木遮蔽视线，以防止对中央公园“田园式自然景观”的破坏[7][8]（图4-3）。其次，实现城市公园绿地有机更新可持续性发展应从城市乃至更大的地域范围，对城市公园绿地系统统一定位、规划和布局，避免因过分强调眼前更新效益，而忽视持久效益的最大化。

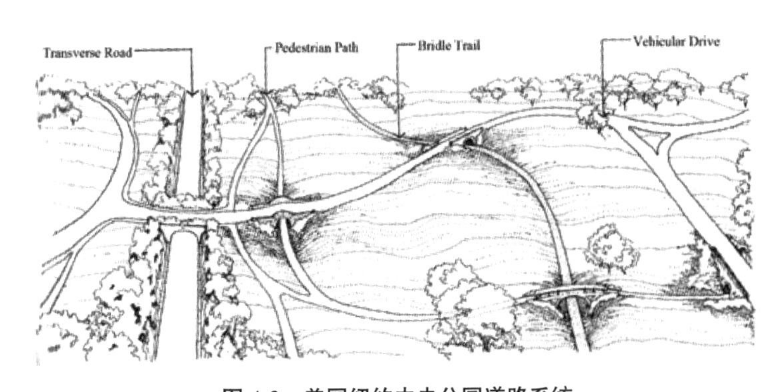

图4-3　美国纽约中央公园道路系统

图片来源：《Rebuilding Central Park》

4.4.2 实事求是，分期实施

吴良镛院士就曾在北京菊儿胡同的更新过程中，提出要妥善处理眼前与未来的关系，他认为旧城更新应当尊重现状，区分不同程度，分阶段地进行更新，即更新的“阶段性方法”。当前，政府拿出大笔资金对城市原有“综合老化”的公园绿地实行一步到位的更新越来越不现实。城市公园绿地有机更新可持续性发展，应遵从社会和公园的现实情况，不是全部推倒、重新建造，也不是一次性投入，而是一个具有阶段性和渐进性的过程。

城市公园绿地有机更新可持续性发展的“统一规划，分期实施”方法，应分析更新地段及其周围地区的肌理格局、自然资源、文脉特征、人的使用情况等，注重从整体出发对更新过程的引导与控制，得出亟需更新和有待更新的部分，分阶段逐步进行更新，而非简单地用一次性的方案来解决复杂的问题，使其成为一个“动态的、连续的、精致的、复杂的”过程。城市公园绿地有机更新可持续性发展的“统一规划，分期实施”方法实为一种“串联式”的方法论，即分期实施的每一阶段的目标都是在协调实现前一阶段目标的基础上，通过规划研究来调整和确定的，它是综合的，也是相对完整和连续的。城市公园绿地有机更新“统一规划，分期实施”的方法，首先易于实施，同时也更容易适应城市错综复杂的社会经济关系，保护并创造城市景观的多样性。

4.4.3 与时俱进，适时更新

任何一个城市公园绿地都不可能在开放后就立即达到一个良好的运行状态。城市公园绿地有机更新在历史中是一个不断进行的过程，在未来也还会继续进行，历史上的更新主体往往成为现阶段有机更新的对象。

“与时俱进，适时更新”的方法应参与城市公园绿地有机更新可持续性发展的全过程，确保每一阶段操作的科学与完整性。这种对城市公园绿地景观建设的定期审视与调整，可避免由于大规模开发不当所造成的城市景观不可逆转的侵害，对城市景观的干扰度低，也必将推动其滚动发展的良性循环。如纵观美国纽约市中央公园长达150年的有机更新历程，最显著特征正是“与时俱进，适时更新”，它以保持公园的公益性为前提，扬弃既有的状态和管理模式，运用更为先进的理念和技术方法指导实践，使它的风貌和功能始终适应时代的变化和大众的需求，虽历经沧桑沉浮，至今仍充满青春活力。

4.5 沃斯堡市公园绿地有机更新可持续性发展案例分析

沃斯堡市（Fort Worth）是美国达拉斯（Dallas）西部的一个文化中心大都市。沃思堡市拥有260多处公园绿地，总面积47km^2，占全市总面积的5.3%，满足超过57.75万人口和数以百万计的游客需要(图4-4)。沃思堡市公园绿地更新可持续性规划充分认识到，城市综合公园和各类开放空间不仅能提高人们生活质量和社区活力，也可保护自然资源、拉近人与自然的联系。凭借多年来城市公园绿地有机更新可持续性发展实践，沃斯堡市于1992年、1994年、2001年和2005年获得德克萨斯州（Texas）的园林城市，1996年荣获美国国家级园林城市（图4-4、图4-5）。

4.5.1 沃斯堡市公园绿地更新发展简史

沃斯堡城市公园绿地历经100多年的更新实践，蓬勃发展，如今已成为全世界众多游客的游览胜地和风景园林专家研究的经典案例。沃斯堡市城市公园绿地更新规划简表如表4-1。

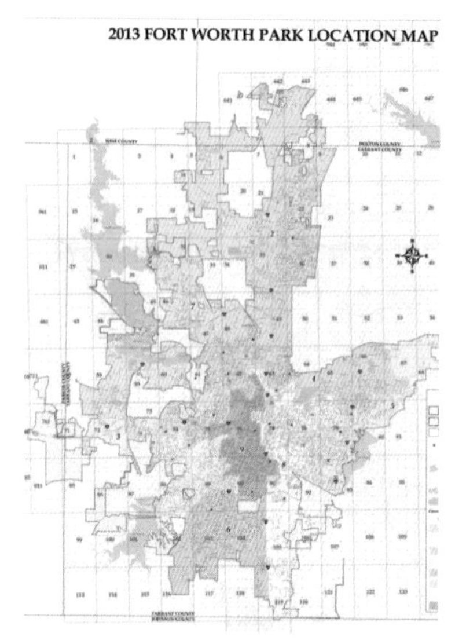

图 4-4　2013 年沃斯堡市城市公园绿地现状图

图片来源：http: //fortworthtexas.gov/

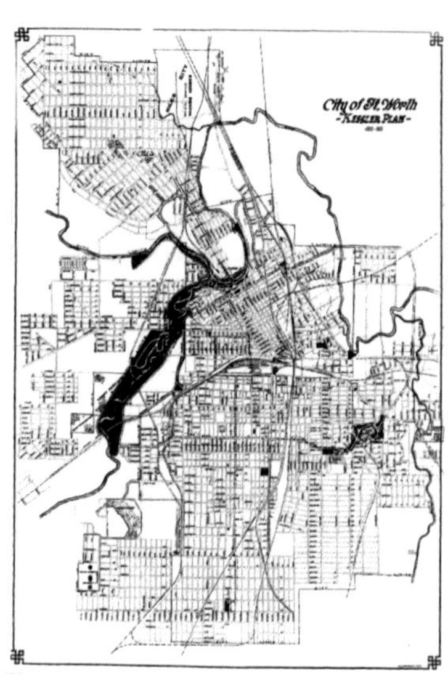

图 4-5　1909 年沃斯堡市城市公园绿地规划

图片来源：City of Fort Worth：Park and Community Department

沃斯堡市城市公园绿地更新规划简表　　表 4-1

更新时间	更新内容
1909年	政府邀请乔治·E·凯斯勒首次规划，他以城市自然资源为基础，通过风景干道和林荫大道将沃斯堡城市公园绿地、住宅用地和商业街区有机结合，满足以人为中心的愿望及需求（图4-5）
1930年	Hare and Hare景观设计公司制定《沃斯堡城市公园绿地体系解读》的更新规划，提出城市公园绿地作为城市的重要基础设施，面对人口增长和经济动荡的社会现实，应给与适时调整更新
1957年	Hare and Hare景观设计公司再次面对城市出现的新问题，对沃斯堡市公园绿地体系进行更新
1980年	沃斯堡市及其周边大城市高速发展，城市综合公园数量和内部配套设施数量大幅提高。政府领导者和公园绿地的股东试图用经济的多元化来解决城市公园的问题
1998年	经济大萧条时期，政府从实际出发，调整城市公园绿地发展速度，并制定相关评价体系、政策及措施保证其可持续性发展

续表

更新时间	更新内容
2004年	沃斯堡市政府为提高居民的生活质量，成立了城市公园和社区管理机构，该机构于同年6月，对城市综合公园及开放空间做出了重新规划
2010年	城市公园和社区管理机构再次对沃斯堡市公园绿地进行总体更新规划。（内容详见4.5.2）
2010年后	沃斯堡市政府坚持每5年对城市公园绿地更新1次

资料来源：City of Fort Worth：Park and Community Department.
表格自绘。

4.5.2　沃斯堡市公园绿地更新规划（2010 年）

1. 修复资源

（1）现状分析

每年必须分析城市内部人口及用地超出合理规模的区域，规划亟需更新的公园绿地位置，当有新的建设资金投入，首先解决这类公园需求。

（2）运动场地

修复城市公园绿地中的运动场地，使他们符合消费产品安全规定（Consumer Product Safety Guidelines），并持续对运动场地进行每 10 年一周期的替换或修复。

（3）公园道路

每年都对现存城市公园绿地内部的道路安全性，进行排查，对人们使用存在安全隐患的部分路段进行替换或修复。

（4）资源评估

2012 年底，完成全市范围内的历史文化公园的资源评估。

2. 更新资源

（1）新增社区公园

2025 年，对人口密度高地区，新增一定比例的社区公园

（Neighborhood and Community Park），从每 1000 人 20680m^2 提升到每 1000 人 25290m^2，特别是一些现有公园服务较差的地区。

（2）修订法规政策

2012 年底，对有关城市公园绿地内的公共空间及设施需求、发展、管理的法规和政策进行效果检查，研究修改方案。

3. 丰富资源

（1）新建专类公园

2025 年底，重点对城市公园绿地建设低于城市平均水平的区域，进行新公园建设，特别是运动公园等专类公园建设。

（2）加大投资力度

政府为拥有足够的资源满足使用需求，加大资金投资力度和公共设施的更新力度。

4. 创造活动空间

（1）在崔尼蒂河（Trinity river）的冲积平原（Flood plain）上扩展休闲措施（注：崔尼蒂河是流经沃斯堡市的一条河流）。

（2）继续与溪谷（Streams and valleys）公司、塔兰特水环境部门（Tarrant regional water）和北德州的大型城市建设组织（The North Central Texas Council of Governments）等在城市公园绿地更新方面的协调合作。

（3）2011 年延长崔尼蒂河休闲步道（Trinity trail）系统至沃斯堡湖来实现沃斯堡湖的景观蓝图，并发展休闲步道连结沃斯堡市的绿核（Fort Worth Nature Center）和其他周围地区。

（4）2020 年延长休闲步道系统（Trail），至南部的梧桐溪流（Sycamore）公园、东部的卡特公园（Carter park）和西部的林肯郡公园（Lincolnshire Park.）。

（5）2020 年通过崔尼蒂河休闲步道（Trinity trail）连结阿灵顿市（达拉斯和沃斯堡中间的一个城市）。

（6）2020年年末完成崔尼蒂河休闲步道（Trinity trail）东边的环形步道建设。

5. 寻求合作伙伴

每年，政府都将积极寻求社会各类合作伙伴，如学校、政府部门、非盈利性机构等，通力合作，更好地实施城市公园绿地的服务和复兴计划。

6. 资源保护利用

拟研究计划，对现有城市公园绿地内部的自然资源、历史文化资源、考古资源等进行标识、保护。

4.5.3　沃斯堡市植物园更新规划

1. 场地历史

沃斯堡市植物园（Botanic Garden）从1912年开始建造，是当时沃斯堡市居民唯一的城市绿色空间。沃斯堡植物园原名为“石泉园（Rock Springs Park）”，由场地内的众多小泉水而得名（图4-6）。“石泉园”内部有大量原生态植被资源。1929~1939年，位于堪萨斯城（Kansas City）的Hare and Hare景观设计公司完成了对“石泉园”的首次更新规划（图4-7），新建设了“玫瑰园（Rose Garden）”（图4-8）。1934年，公园委员会将“石泉园”更名为“沃斯堡市植物园（Botanic Garden）”。沃斯堡市植物园随着不

图4-6　1912年石泉园景观

图片来源：Fort Worth Botanic Garden Master Plan

图 4-7　1930 年石泉园全貌

图片来源：Fort Worth Botanic Garden Master Plan

图 4-8　沃斯堡市植物园中玫瑰园园景

图片来源：Fort Worth Botanic Garden Master Plan

断发展，拥有了新的面貌和更大面积的园区。2009 年，沃斯堡植物园凭借 1929 ~ 1939 年内所作的公园更新规划，被美国国家公园管理局（National Park Service）评为“国家历史名胜（National Register of Historic Places）”。

2. 场地优势

（1）中心位置——“每个人的花园”

沃斯堡市植物园位于市中心的知名文化保护区（图 4-9），其拥有的文化及自然资源是美国为数不多的。未来几年，政府将快速发展其周边交通，以保证便利的到达。

图 4-9　沃斯堡市植物园区位图

图片来源：Fort Worth Botanic Garden Master Plan

（2）公园的尺度、多样性和历史

44.5hm^2 的公园拥有林地、花园、小溪、池塘、湿地、开放的草地、风景等多样且有趣的地形。场地内的温室免费对沃斯堡市民和观光客开放，向他们展示世界范围内的热带植物。植物园内的古树及植物资源有的已超过 200 年历史，本地植物品种和外来驯化植物品种在园内和谐共生。

（3）溪流、湖泊、湿地

沃斯堡市植物园最初以岩石和溪流得名。公园保持了原有的自然资源，并进行了多种水景景观的开发，尤以日本花园（Japanese Garden）最为著名（图 4-10）。

图 4-10　沃斯堡市植物园中日本园园景

图片来源：Fort Worth Botanic Garden Master Plan

（4）集会、教育的空间

沃斯堡市植物园为全市居民的科普教育、社区会议、婚礼及众多类型会议和活动提供场地及设施。每年6、7月的“公园音乐会”吸引了数以万计的游客。

（5）德克萨斯州植物研究所

德克萨斯州植物研究所（The Botanical Research Institute of Texas）是公园内部最迷人的地方。它为沃斯堡市民提供了一系列科普教育活动和讲座，并从世界范围内搜集珍贵植物资源进行展示。德克萨斯州植物研究所与植物园密切联系，长期致力于园内资源的相关科学研究，为植物园的更新规划提供依据和保障（图 4-11）。

（6）合格、专业的工作人员

沃斯堡市植物园内部的工作人员具备专业的工作态度和能力，他们亲身参与总体规划及阶段性规划的每个过程，用才智与经验为公园更新规划出谋划策。

图 4-11 德克萨斯州植物研究所植物展示区

图片来源：Fort Worth Botanic Garden Master Plan

（7）未来花园委员会

未来花园委员会（Future of the Garden Committee）包含了与植物园利益的所有相关者。他们通力合作，决定其更新的规划方案，并为未来的发展献计献策。

（8）沃斯堡市政府支持

沃斯堡市议会代表、公园和社区服务顾问委员会及全体市民在沃斯堡市政府领导的支持下，科学而高效地为植物园更新规划贡献力量。

3. 更新规划目标

2010 年，沃斯堡市政府对沃斯堡植物园再次做出更新规划，此规划以沃斯堡市民、沃斯堡市议会代表、沃斯堡市花园俱乐部、沃斯堡市植物协会、德克萨斯州植物研究所及土地所有者等在内的所有人员共同商讨，以可持续性发展为目标，制定了总体规划（图 4-12）。

（1）制定总体计划和阶段性计划来指导更新实践。

（2）充分尊重沃斯堡市植物园内的文化区域、崔尼蒂河（Trinity

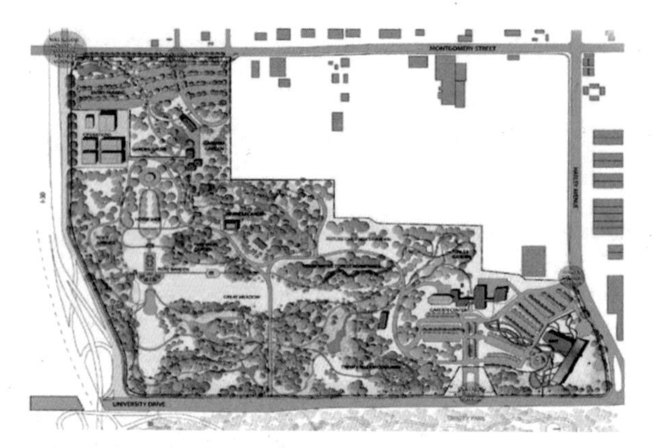

图 4-12　沃斯堡市植物园更新规划总平面图（2010 年）

图片来源：Fort Worth Botanic Garden Master Plan

River）绿带区域，进行适时补充性更新规划。

（3）确保更新规划将持续改善环境，满足居民及其后代对场地的需求，体现对资源的尊重。

（4）政府与未来花园委员会等利益相关者保持合作，确保更新规划长久的实施。

（5）更新规划应确保植物园可以继续实现“环境管理和教育”的任务。

4. 更新规划制定过程

政府向未来花园委员会（The Future of the Garden Committee）（包括早期参与规划建设者、周边社区的领导者、市民代表等利益共同者）召开听证会，就场地基础数据、规划概念、规划细则、规划创新点及补充等多套方案进行汇报，广泛征求各团体意见，投票决定最终实施的更新规划方案（图 4-13）。

沃斯堡市植物园发展至今，已有近百年的历史。百年来虽历经多次更新规划，但仍然保持着旺盛的生命力，深受市民和游客的喜爱。

图 4-13　沃斯堡市政府向未来花园委员会召开听证会

图片来源：Fort Worth Botanic Garden Master Plan

4.5.4　沃斯堡市公园绿地有机更新可持续性发展研究

1. 高瞻远瞩的长远规划

沃斯堡城市公园绿地的更新神话，首先应得益于第一位设计师乔治·E·凯斯勒，他为该市公园绿地所做的最初规划，是一个尊重城市自然资源，尊重大众愿望及需求的设计理念先进的规划，也是一个把当时与未来紧密结合的给后代留下巨大创造空间的规划。这个高瞻远瞩的长远规划，为该市公园绿地百年来的可持续性发展奠定了坚实基础和指导灵魂。他还先期预料城市是不断向外围发展的，因此，建议政府把当时城市周边的大片土地买下来，保证土地的公共属性，为未来城市公园绿地发展预留空间。

2. 实事求是的分期规划

沃斯堡城市公园绿地的持续更新，还得益于实事求是地规定和落实每个阶段性的任务，既确定近期亟需更新的公园位置及内容，又对整个城市公园绿地的中期规划、长期规划有合理的安排和不同的内容。他们不做急功近利的应急性更新，而是以当地居民及其后代对场地的需求为重，实施科学的分期、渐进性的更新。

3. 科学和谐的通力合作

沃斯堡城市公园绿地的持续更新还应归功于 Hare and Hare 景观设计公司、城市议会、各类基金会、公共服务协会、未来花园委员会、全体市民等和谐的通力合作。他们本着负责、严谨的态度，对公园发展所出现的问题及时反映和沟通，使得沃斯堡城市公园绿地不断进化发展，保持高水平的现状。

4. 与时俱进的适时更新

回顾沃斯堡城市公园绿地 100 多年来的更新规划历史，政府部门起到了关键性的决定作用。他们及时分析总结人们日益变化的物质和精神需求，充分尊重、虚心采纳。以有机更新可持续性发展理念，反复检验原有规划，适时调整，不断发展。在有限的资源条件下，努力找到更多的外部资金，用以建造、更新和维护城市公园绿地系统。

沃斯堡市城市公园绿地长达百年的可持续性有机更新史，为其未来的进化发展提供了坚实基础，也为中国城市公园绿地有机更新的可持续性发展提供了经验和范本。

4.6 本章小结

本章节围绕城市公园绿地有机更新可持续性发展目标，展开论述。首先，对中国城市公园绿地更新中的短期更新与长远规划两者产生的矛盾表现进行剖析，分类揭示只注重短期更新而忽视长远规划所引起的更新误区，提出应以长远规划为前提进行城市公园绿地有机更新的可持续性发展建设。

其二，介绍支撑城市公园绿地有机更新可持续性发展目标的基础理论，即可持续性发展理论和弹性改造理论。分析城市公园绿地有机更新可持续性发展的特征，包含多元性、长期性和动态性。

其三，总结城市公园绿地有机更新可持续性发展的规划方法，从具有战略前瞻的长远规划入手，通过实事求是的分期实施，与时俱进的适时更新，以期实现其可持续性发展。

最后，以美国达拉斯西部的文化中心大都市沃斯堡市长达百年的城市公园绿地有机更新成功实践为例，分析其城市公园绿地发展的历程，总结其更新的方法和经验，佐证城市公园绿地有机更新可持续性发展目标的理论与实践价值。

参考文献

[1] 俞孔坚，李迪华 . 可持续景观 [J]. 城市环境设计 .2007，(1)：7-12.
[2] 陈圣泓 . 共生与秩序——江苏学政衙署江阴中山公园设计方法与理论研究 [J]. 理想空间，2005，(8)：21-23.
[3] 吴良镛 . 历史文化名城的规划结构——旧城更新与城市设计 [J]. 城市规划，1983，(6)：2-12.
[4] 刘晓嫣 . 城市公园改造设计方法研究——以上海市徐汇康健园为例 [D]. 上海：上海交通大学，2010.
[5] 柏春 . 城市景观可持续发展初析 [J]. 城市研究，2000，(3)：28-30.
[6] 曾昭奋 . 有机更新：旧城发展的正确思想——《北京旧城与菊儿胡同》读后 [J]. 新建筑，1996，(2)：33-34.
[7] Witold Rybczynski 著 . 陈伟新译 . 纽约中央公园 150 年演进历程 [J]. 国外城市规划，2004，19 (2)：65-70.
[8] 左辅强 . 纽约中央公园适时更新与复兴的启示 [J]. 中国园林，2005，(7)：68-71.

第5章 城市公园绿地有机更新整体性发展研究

物质世界是由无数相互联系、相互依赖、相互制约、相互作用的事物所形成的统一整体。惟有整体的美才是真正的美。

——弗里德里希·谢林[1]

5.1 城市公园绿地有机更新整体性发展背景与意义

5.1.1 局部更新与整体谋划矛盾表现

追求城市公园绿地整体性发展，是城市公园绿地有机更新的又一重要目标。当前在实际工作中，经常面临的是局部更新与整体谋划的矛盾。就一个城市的全局利益而言，两者本应是紧密相连和并行不悖的。局部是整体的局部，整体是局部的整体。就像国与家的关系一样，家是国的家，国是家的国。在坚持整体谋划的前提下搞好城市公园绿地的局部更新，将能收到“1+1>2”的整体效益。但从中国许多城市公园绿地更新的现实来看，缺乏整体观念，缺乏整体规划，“一叶障目，不见森林”，只顾局部更新，不顾整体谋划的做法比比皆是，其结果虽使公园绿地单体面貌有所改善，但从城市宏观角度看，并未使城市公园绿地整体效益发挥到最大化，甚至因为各自为战，独善其事，反而导致其“整体效益弱化”。这方面的偏向主要有以下三种表现。

1. 单体封闭

城市公园绿地建设初衷是向市民提供远离城市钢筋水泥森林的乐土，但它不是城市的“绿色孤岛”，应与周边环境密切联系，融合于城市的物质及社会空间，加强城市生活的自然乐趣。城市公园绿地也是城市公共福利性设施之一，如街道、广场等一样，应对全体公众免费开放。然而由于历史原因和管理、经营理念的区别，“围墙建园”曾是中国城市公园绿地的最大特点，这与传统文化相关。但时至今日，中国众多城市为了便于城市公园的管理，仍用砖墙和高大乔木将公园围合，用城市道路隔断公园和周围建筑物、设施、社区等环境联系。城市公园绿地就像一个点被植入城市中，园内的道路、景观、公共设施与周边环境被生硬划分为墙内、墙外两种割裂的系统，没有形成以公园绿地为中心向四周辐射的向心式构架。降低了公众使用的可达性和便利性，导致其城市生态联系与社会交往活动作用的弱化，无法有效地带动城市周边地区景观与经济的发展。又如，很多城市的公园绿地仍实行购票制，限制市民平等享受自然乐趣的权利，使公园绿地中的公共设施闲置浪费，空间利用率低。再如，在众多城市中已辟为城市公园绿地的场地里，仍存在挂着“游人止步”告示牌的“园中园”，未实现真正的“开放”意义。这种“孤立与封闭”是造成城市公园绿地逐渐走向衰退的原因之一。

2. 层次单一

皮埃尔·查尔斯·朗方（Pierre Charles L’Enfant）规划的华盛顿国家大草坪（The National Mall）是世界第一个大型城市绿色空间，之后美国纽约中央公园开始了城市“绿心模式”的实践，意图把大型绿色空间引入纽约市中心[2]。近年来，这一模式及其变体在中国城市公园绿地更新实践中被多次复制，其特点在于以一个或数个巨大的绿色空间构成强烈的图面视觉效果。另一方面，建设者往往忽略了城市居民更喜欢方便且靠近生活地的小型绿地空间，而不是远处的大型绿地空间的基本使用心理，规划设计缺乏对城市公园绿地规模和类型的合理分配，造成市民利用上的困难和内容上的单调。不容忽视的是当前在中国的众多城市中，片面追求面积大、视觉效果强的城市综合公园与带状公园的建设与更新，而中型的社区公园、专类公园，小型的街旁绿地数量明显不足、质量堪忧。本书并非要否定“大”的价值和社会影响力，而是质疑由于“大”成为多数人的关注焦点后对“小”的价值的忽视。因此，在日趋成熟的城市园林绿化建设中，有必要对公园绿地更新的规模和类型做出科学合理的考量。

3. 结构零乱

中国城市公园绿地更新曾一度遵循“见缝插绿”原则，公园绿地建设各自为战，从而导公园绿地体系结构零乱。具体表现为：首先，城市公园绿地更新只注重单体的局部细节，而忽视从城市整体角度的公园绿地体系结构谋划；第二，城市公园绿地服务半径更新规划缺乏科学性，使市民到达游憩点所需的时间过长，在一定程度上影响其游憩兴趣及光临频率；第三，城市公园绿地之间及其外部林地缺乏有效连接，未形成整体的系统结构，不利于城区模拟自然群落与城外自然生物群落的融合。第四，中国实行城市公园绿地与其他绿地分而治之的管理体制，使城市公园绿地无法与外部环境对接连通，以上种种问题都导致了中国诸多城市公园绿地体系结构零乱的现状。

以北京市为例，中心城区的公园绿地面积和数量不足，且分布不均。如在全市对外开放的 169 个综合公园中，分布在人口密度大的中心城区仅有 33 个，占 19.5%[4]，其余公园绿地多集中在郊区、散点布置，不利于满足居民游览观赏、休憩娱乐、锻炼身体的需求，部分大型居住区周围甚至没有公园绿地，市民晨练要步行较远距离。此外，城八区的公园绿地和城区外围的大片绿化隔离区缺乏良好联系，植物群落孤立且封闭，阻碍自然物种迁移，影响城市绿地生态系统的整体性。

5.1.2 城市公园绿地有机更新整体性发展意义

正确处理局部更新与整体谋划的关系，在面临两者矛盾时，坚持以整体谋划为前提，谋求城市公园绿地有机更新的整体性发展，有着重要的现实意义和长远的历史意义。首先，局部不能脱离整体。任何事物的更新建设，整体得失比局部好坏更重要。单体的城市公园绿地，是城市绿地系统和城市公共活动空间的具体组成部分，是整个棋盘上的一个棋子，它需要紧密溶解到城市的大体系中，不能脱离系统而自行其是，否则于整体效益无补，不仅难以助力，有时反会添乱。其二，整体的效益大于各个局部效益之和。从城市绿地系统构建的全局出发，遵循城市绿地系统规划的整体思路和目标，丰富城市公园绿地类型，科学规划公园绿地单体的服务半径，并使之连接成网，可以使城市公园绿地的整体效益优化，最大限度地满足人们的活动需求。其三，从城市公共空间系统构建的角度，将公园绿地与居住区、广场、道路等空间相互渗透，共同构建完整、统一的城市公共空间系统，对于尊重城市总体格局，保持城市肌理的延续，建设新型的城乡关系，推进城乡一体化建设，具有历史意义。

5.2 城市公园绿地有机更新整体性发展理论依据

5.2.1 整体性理论

“整体”哲学上指若干对象（或单个客体的若干成分）按照一定的结构形式构成的有机统一体，与“部分”相对而言。整体包含部分，部分从属于整体。整体是指由事物的各内在要素相互联系构成的有机统一体及其发展的全过程。部分是指组成有机统一体的各个方面、要素及其发展全过程的某一个阶段。整体具有其组成部分在孤立状态中所没有的整体特性。整体具有部分根本没有的功能或整体的功能大于各个部分功能之和[5]。1999年，国际建筑师协会在北京召开第20次会议，会议通过《北京宪章》。宪章中提到“整体的环境艺术”，即“用传统的建筑概念或设计来考虑建筑群及其与环境的关系已经不尽适合时宜。我们要从群体观念、城市观念的角度出发，从单个建筑到建筑群的规划建设，再到城市与乡村规划的结合，以至区域的协调发展，都应当成为建筑学考虑的基本内容，力求实现建筑环境的相对整体性及其与自然的结合[6]”。

事物的“整体性”发展，包括事物自身的起源以及连续生长过程中整体的不断衍化。“整体性”理论同样存在于城市公园绿地的产生和发展中，城市公园绿地由一系列相互影响、相互交织的要素构成，它作为城市重要组成部分，不能脱离城市大环境而孤立存在。因此，城市公园绿地有机更新应当遵循“整体性”发展理论，保证自身结构完整的同时，与周边环境乃至整个城市风貌及格局协调统一。

5.2.2 城乡一体化理论

城乡一体化理论指以城市为中心、小城镇为纽带、乡村为基础，城乡依托、互利互惠、相互促进、协调发展、共同繁荣的新型城乡关系。城乡一体化是随着生产力的发展而促进城乡居民生产方式、生活方式和居住方式变化的过程，使城乡人口、技术、资本、资源等要素相互融合，互为资源，互为市场，互相服务，逐步达到城乡之间在经济、社会、文化、生态上协调发展的过程[5]。

城乡一体化理论应用于城市公园绿地有机更新课题，表现在城乡绿地一体化。城乡绿地一体化的内涵为在满足城乡基本生产、生活要求的前提下，把城市和农村的绿地发展作为整体，统一筹划、通盘考虑，尽可能地保护和利用城乡绿地资源，构筑人与自然和谐共生的环境。城市公园绿地有机更新整体性发展应突破城市建成区的常规规划范围，将城市绿色空间和周边乡村绿地均作为城市有机组成纳入公园体系规划，打破城市与农村在空间和形态上分立的观念，促成城市与农村的“绿色交融”。

5.2.3　灰空间理论

日本建筑师黑川纪章认为“灰空间”是介于室内外之间的一种过渡空间，可以达到室内外空间融合的目的。黑川纪章提倡使用日本茶道创始人千利休阐述的“利休灰”思想，即用白、黄、绿、蓝混合出不同色彩倾向的灰色来装饰建筑。与任何色彩相协调是灰色的典型特征。如果把空间比作色彩：室内为“黑”,室外为“白”,那么，作为庭院、走廊之类的室内外过渡空间便称之为“灰空间”。这些灰空间具有融合性，使建筑内外的界限不再明显，使两者成为有机的整体。[7]黑川纪章把“黑”和“白”二者之间矛盾的、复杂的不定性比喻为“灰”,用“灰”的理论表达并追求一种不确定的、边缘的、意义丰富的空间。他认为“灰”的概念总结了矛盾各种因素的冲突和对立，并获得延续与和平冲突[8]。

城市公园绿地是城市大量人流的集散地，其与城市紧密相连的边界空间，为外部空间和公园绿地本身提供了适宜的交通集散场地。此外，边界空间对周边用地传递了其绿色的自然景观形态。目前，城市公园绿地的边界空间虽已在逐步实现“拆墙透绿”，但依然存在呆板机械、空间利用率低等问题。面对这种情况，笔者借鉴建筑学中的“灰空间”理论，将其应用到城市公园绿地有机更新整体性发展中，使城市公园绿地真正向城市、向公众完全开敞，成为过渡空间、媒介空间和连接空间，与城市开放空间保持连续性。

5.3 城市公园绿地有机更新整体性发展特征

5.3.1 开放化

美国风景园林师奥姆斯特德在《公园与城市扩建》一书中提出:“城市公园建设是社会物质计划的第一步，是消除城市拥挤和重新分配人类财富的手段，公园不是为了与城市分割开来，而是社会伦理和意识形态的集中体现，是与城市生活有机的结合”。城市公园绿地开放化是指其向城市、向公众完全开敞，与城市其他空间直接相融，成为城市公共空间的延伸，更有效地改善居民生活，提高城市环境质量[11]。

城市公园绿地有机更新整体性发展要求公园绿地从传统的封闭形态向现代的开放空间形态转换，公园绿地的平面布局、规划结构、功能分区也因此产生巨大改变。传统封闭的公园绿地功能和空间模式是由内及外的，即由中心向四周辐射的向心式构架，而现代的开放式城市公园绿地基于融入城市环境的需要，并与城市开放空间保持延续性,其是由外及内的功能和空间布局模式。因此，城市公园绿地有机更新整体性发展中的公园绿地边界应实现高度“开放化”,对其日常使用者完成由“可达性”至“易达性”的提升，提高其到达或进入公园绿地的便捷性和舒适性，提高公园绿地边界空间场所及其设施的可接近性。真正“开放化”的城市公园绿地单体，是实现城市公园绿地有机更新整体性发展的关键性基本细胞。

5.3.2 分层化

公园绿地作为城市中的主要开放空间，是居民开展户外游憩活动的重要载体，是城市重要的游憩资源。因此，城市公园绿地的区位规划、建设规模及功能类型就显得十分重要。不可否认大型城市公园绿地在城市中的重要地位，但是过分强调它会导致整个城市公园绿地系统的分布不均衡。首先，由于用地的限制，大型城市公园绿地意味着更少的小型城市公园绿地，但其后者为当地居民所使用的频率更高；第二，大型城市公园绿地不能使游客接触到其每一个部分，降低了空间使用率；第三，大型城市公园绿地会造成政府的监管难度；第四，由于在高开发度的城市区域难于找到足够的用地，而高密度的中心区才是最需要绿地的。因此，大型城市公园绿地并不能改变中心城区缺乏绿色空间的问题。第五，建造、维护及更新大型城市公园绿地成本比同等面积的一系列小空间要高很多。最后，大型城市公园绿地体现了社会公共资源分布的不均衡。如美国纽约中央公园物理性地及社会性地分隔了城市，不同社会阶层的人分离居住在它所分割的不同区块。特别是公园建成后的最初几十年，它成为富人的公园，劳动者由于远离这里而很少来游玩，它也曾经因高犯罪率成为纽约最危险的地方之一[2]，假设将美国纽约中央公园分为 3 块，重新分布在曼哈顿岛的上城、中城和下城，那么会有更多的居民平等享有它[9]（图 5-1）。

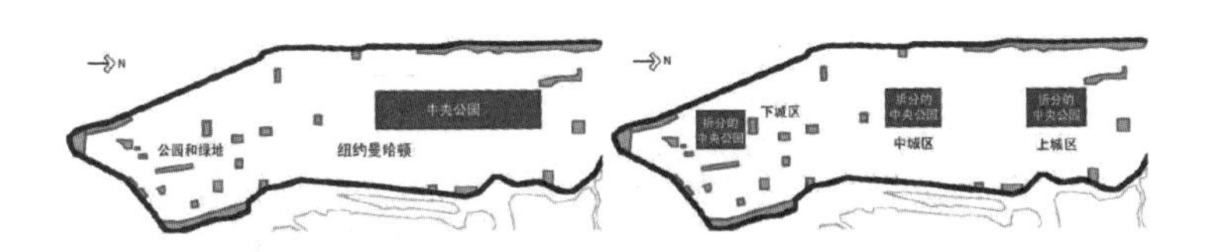

图 5-1　美国纽约中央公园现状和拆分后的中央公园

图片来源：《分布式绿色空间系统：可实施性的绿色基础设施》

城市公园绿地有机更新整体性发展的“分层化”特征表现为，城市综合公园、带状公园、专类公园、社区公园、街旁绿地按照城市人口密度、使用需求等科学分布于城市环境中，以便发挥整体的系统功能。首先，“分层化”的城市公园绿地可更均衡地在城市中按比例分配公园，提高其使用率。经研究发现即使人们强烈需要公园，但在现实生活中却是“距离压倒需要”，即距离越远，人们利用公园绿地的频次越低，3min 步行距离范围内的公园绿地是人们使用频率最高的公园 [11]；其次，“分层化”城市公园绿地可以提高地方居民的生活条件和减少社会问题。国外研究发现，人居环境中公园绿地的数量和居民健康成正比。相反，公园绿地少的人居环境往往是人们孤独和缺乏社会支持的地方 [12]。第三，“分层化”的城市公园绿地可以更好地发挥其生态功能，相关研究证明面积大于 $3hm^2$，绿化覆盖率达 60%以上的公园绿地才是城市中的冷岛 [13][14]，但是也有研究证明，城市小公园绿地的降温功能也非常显著 [15]，绿地降温半径通常是公园宽度 [16][17]。如在美国纽约市寸土寸金的曼哈顿区内，既有中央公园此类的大型城市公园绿地，也经常在街头偶遇小巧且精致的小型街旁绿地（图 5-2、图 5-3），多层次的城市公园绿地使得纽约市的城市公园绿地分布更加合理与可人。

图 5-2　美国纽约市第五大道街旁绿地

图片来源：自拍于美国纽约市

图 5-3　美国纽约市华尔街街旁绿地

图片来源：自拍于美国纽约市

5.3.3　网络化

城市公园绿地网络化建设的雏形起源于美国波士顿市公园体系的规划，该城市的自然条件并不优越，原有的城市公园绿地选址对自然依赖较少，常选址于荒地、贫民窟、垃圾场等区域。1878 年，F.L. 奥姆斯泰德及其门徒爱利奥特（Charles Eliot）结合城市原有公园绿地和水系资源，用公园路将河滨湿地、综合公园、植物园、公共绿地等多种公园绿地连接成网络系统，即“波士顿公园体系”，俗称“翡翠项链”（Emerald Necklace）（图 5-4）。波士顿从城市角度对公园绿地系统先规划再建设，“翡翠项链”的建成使得人们在使用中意识到公园不该被孤立于城中，而应深入城市生活。波士顿公园体系建成后，周边地价平均上涨了 3 倍，原来单一的用地类型转变为以商业、商务为主的综合用地。

又如从 20 世纪初，美国芝加哥市政府就开始进行全市公园路（Parkway）的建设，使其联系城市内部众多公园空间，从而实现全市公园绿地的网络化发展。100 年的时间里，芝加哥城市公园绿地数量翻倍，城市公园绿地网络化建设堪称世界领先（图 5-5）。

21 世纪以来，城市公园绿地的更新发展同多项新学科、新技术紧密相连，如地理信息学、生态学等公园绿地的规划和监测带来了新的视角、理论和方法。城市公园绿地系统布局也由最早的单一、集中模式，走向“集零为整”的网络连接及城郊融合的发展趋势。

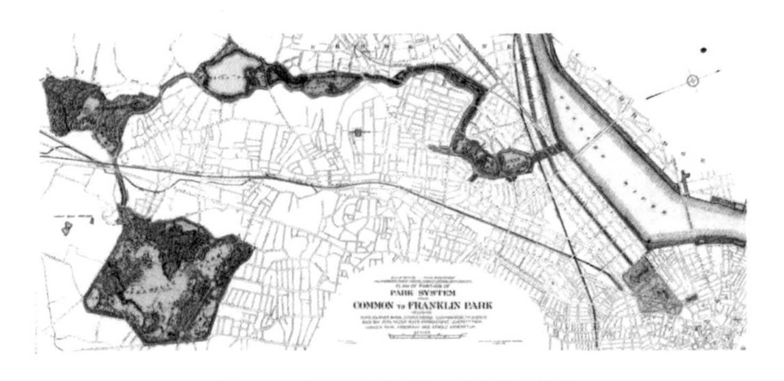

图 5-4　美国波士顿市“翡翠项链”

图片来源：《Public parks：The key to livable communities》

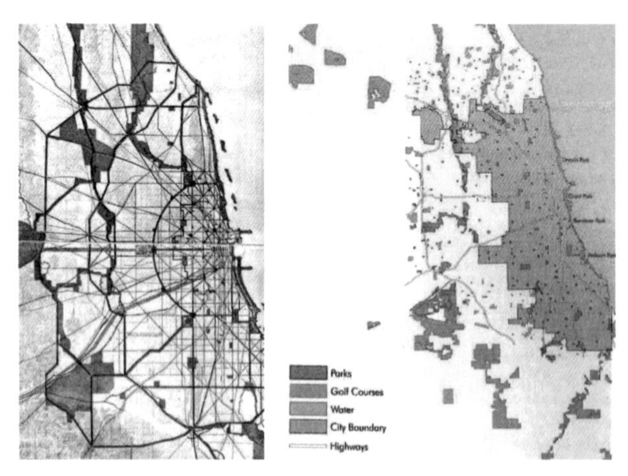

图 5-5　美国芝加哥城市公园绿地 1909 年与 2009 年分布图

图片来源：《Public parks：The key to livable communities》

城市公园绿地有机更新整体性发展的“网络化”特征遵循城乡平等原则,将网络向乡村充分延伸,形成“建成区——规划区——市域”环环相扣的结构体系，最终实现覆盖城市与乡村广域城市公园绿地系统。

5.4 城市公园绿地有机更新整体性发展规划方法

5.4.1 微观层面：开放 + 溶解

生活方式、价值观念和社会心理的变化使得城市居民对公共休闲生活的需求越来越高。城市公园绿地只有与城市整体环境实行协调对接，才可以实现其价值和效益最大化。城市公园绿地有机更新整体性发展首先应将传统封闭公园的围墙推倒，实行开放式的科学管理模式，其次，把开放式的城市公园绿地单体真正溶解于周边环境及中心城区，实现微观层面的形式与内容的“解放”。

1. 开放式管理

中国城市公园绿地虽作为城市公益性基础设施，但在较长历史时期内都实行着全封闭式管理，从而导致受众面窄、公园空间利用率降低。随着经济和社会快速发展，城市功能日趋完善，居民生活水平的不断提高，这种传统的全封闭式管理方式已无法适应社会发展需要。

城市公园绿地的开放式管理，即指它没有围墙限制，平等的向所有城市居民和游客在内的社会公众免费开放。城市公园绿地开放式管理有 3 层含义：首先，它是一种典型的公共设施，规划、建设的目的就是让更多人享用它，以满足人们对游憩休闲生活的物质和精神需求；其次，城市公园绿地也是一种公共产品，不可单纯依靠政府的投资、建设与管理，而应面向社会，通过科学管理，形成运营的良性循环；最后，开放式城市公园绿地是取之于民、用之于民的城市休闲娱乐设施，它应提供免费服务。

城市公园绿地的开放式管理，几乎是发达国家地区的通行做法。据调查资料显示，英国的伯肯海德公园、圣詹姆斯公园等城市大型公园绿地从建园初期便实行免费开放政策；美国纽约中央公园、美国费城众多社区公园也都长期实行开放式管理，供居民及游客休憩停留（图 5-6）；在寸土寸金的日本，城市公园绿地和自然景观也基本不收费，而历史文化古迹、世界文化遗产景点和人文景观则只是象征性地收费。

图 5-6　美国费城市开放化的社区公园

图片来源：自拍于美国费城市

目前，中国众多大中型城市也开始逐步实行“拆墙透绿”的公园绿地开放式管理，还绿于民，提高资源利用率。如长春早在 1999 年，便开始取消南湖公园、劳动公园、胜利公园等 7 所城区内综合公园的门票收费，将它们无偿向市民开放；又如沈阳市于 2001 年，除少数国家重点保护文物景点外，将市内城市公园绿地一律免费开放，还绿于民；又如珠海市自 2002 年起，将 5 个市属公园免费开放，这将意味着珠海市政府将放弃每年 500 多万元的门票收入；再如，常州市现已实现市区公园绿地的全部免费开放，这在中国是首例。

2. 溶解于城市

简·雅各布（Jacobs）在《美国大城市的生与死》（The Death and Life of Great American Cities）一书中说："城市公园绿地和开放空间并不是当然的活力场所，孤立偏僻的公园和广场反而是危险的场所，周边应与其他功能设施相结合才能发挥其公共场所的价值[18]"。北京大学俞孔坚教授也曾提出"溶解公园"的概念，即在现代城市中，公园绿地应当成为居民生产与生活空间的有机组成部分，随着旧城更新进行和新城向郊区扩展，工业城市初期的公园绿地形态逐步被开放的城市公园绿地取代，原有孤立、围合的公园绿地将慢慢"溶解"，进而发展为简洁、生态和开放的绿地形态，成为穿插连接在城市各种性质用地之间的基质，与城郊自然生态景观相融合。随着居住环境的发展，我们未来生活的城市就是一个天然大公园，不需要再刻意修建公园来满足人们对远离自然的需求。"溶解公园"概念赋予现代城市公园绿地新的使命，也为中国城市公园绿地有机更新整体性发展指明了方向。

（1）城市公园绿地溶解于周边环境

城市公园绿地是形成城市结构与空间形态的有机部件，它与周边街道、建筑、公共服务设施等形成了互为映衬的关系，其更新不能脱离整体系统来自由发展。有机更新不是刻意创新，而更多的是用专业眼光去审视城市公园绿地与其他城市公共开放空间的联系。城市公园绿地内部的道路系统，给水排水系统应与市政服务系统无缝对接，园区内的绿化景观应与周边道路绿化景观统筹考虑，公园出入口应根据其与周边道路关系、服务半径、交通人流等因素来科学规划。

现今，中国部分城市公园绿地的边界已经"隔墙透绿"，但仍然存在机械呆板、过渡空间突兀、边界区域利用率低等问题。随着时代变迁,城市公园绿地服务对象已由单纯的“游人”变化为“游人”+“路人”+“过客”的复合使用人群。因此，在城市公园绿地与周边环境过渡的边界区域处，采用广场或小游园的空间形式并配以简单的休憩设置，既可丰富公园绿地外围景观，又可满足过客在上下班途中短暂休憩和停留的需要。这种人性化的边界空间处理，提高了场地的利用率，扩大公园绿地功能的“辐射范围”，提升周边的地区价值。以美国西雅图市奥林匹克雕塑公园(Olympic Sculpture Park) 为例，公园东西南北四个方位均有与周边环境契合良好的入口空间，并配置简易且舒适的“眼睛”造型坐凳，为过客的短暂休憩提供便利 (图 5-7)。又如上海虹桥公园入口，通过设置临时休息坐凳和小型雕塑小品，实现景观的自然过渡，与周边环境完美结合 (图 5-8)。

城市公园有机更新整体性发展首先要将开放式的公园绿地单体溶解于周边环境，与周边的公共开放空间及公共设施产生联系，协调统一，从本质上改善人们的居住环境，提升城市景观层次。

图 5-7　美国西雅图市奥林匹克雕塑公园入口

图片来源：自拍于美国西雅图市奥林匹克雕塑公园

图 5-8 上海市虹桥公园入口

图片来源：自拍于上海市虹桥公园

（2）城市公园绿地溶解于城区

中国众多城市公园绿地虽由封闭走向开放，但开放式公园绿地不仅仅是管理上的“开放”，更重要的是公园绿地形态与城市空间格局的溶解。城市格局是城市总体视觉框架，充分表明了城市的个性特征。城市公园绿地作为城市绿肺，对城市山水格局的形成，以及城市生态环境的良性循环具有重要作用。因此，城市公园绿地有机更新整体性发展要尊重城市总体格局，保持与城市开放空间的连续性，与城市环境融为一体。

建于1956年位于唐山市中心的凤凰山公园，是唐山市建园最早的公园，也是市民重要的社会活动场所。凤凰山公园因年长日久及时代变迁，公园逐渐失去活力，呈现“综合老化”现象。它于2007进行大规模景观更新，并于2009年重新向公众开放。更新后的凤凰山公园由过去的19hm^2，扩大到43.2hm^2，不仅面积增大一倍，而且园貌获得极大改善。公园绿地更新的首要宗旨为“公园溶解于城市，成为市民的‘客厅’，激发城市活力”，即将新公园及坐落在公园内的唐山市博物馆、分布在公园周边的民俗博物馆、大成山公园、体育馆、学校、干部活动中心、居住区、景观大道、图书馆、医院等城市资源和社会生活结合起来，成为城市的有机体。公园更新还以“穿行”为主要理念，将公园边界向城市打开，穿越公园的路径将风景编织进市民的生活（图 5-9），“穿行”的快感，丰富和扩展了公园的功能，使它不再是一个传统意义的“园”，而是融于城市中的美好生活体验。又如美国芝加哥的格兰特公园（Grand Park），历史悠久，景色优美，但公园最大特色还在于其真正与城市环境的有机融合，它没有冰冷的围墙，也没有生硬的边界，公园环境与城市环境过渡自然，使用者进入公园绿地的方式为“多点进入”或“线状渗入”，给人以亲切感（图 5-10）。

城市公园绿地已经在一定程度上对城市的经济活动和市场行为也有所引导。城市公园绿地有机更新整体性发展，应将城市公园绿地溶解于城区，带动周边地区的工商业、旅游业、房产业、交通业等生产、服务性行业迅速发展，推动局部区域的经济繁荣。

图 5-9　唐山市凤凰山公园

图片来源：自拍于唐山市凤凰山公园

图 5-10 美国芝加哥市格兰特公园边界空间

图片来源：自拍于美国芝加哥市格兰特公园

5.4.2 中观层面：梳理 + 分层

城市公园绿地有机更新整体性发展，在城市公园绿地总量一定的情况下，应科学梳理城市公园绿地资源，本着种类丰富、分布广泛的原则，分层次进行更新建设。城市大型综合公园应更多地让位于社区公园、街旁绿地等小型且便利的绿色空间。

1. 梳理资源

首先，应从城市整体环境出发，梳理城市内部现有的自然资源和文化资源，分析周边土地状况、人口密度、使用需求等，合理安排不同等级的城市公园绿地空间。其次，对城市内部现有的公园绿地资源，通过资料整理和实地调研，对其周边的文化资源、游人资源、服务业资源、土地利用状况、交通资源等作出分析，对其内部的自然资源、文化底蕴、使用人群及需求等进行总结，给出其新的定位、服务半径及更新方法。最后，对城市公园绿地内部“有分化现象”和“有潜在活力”的空间资源进行重点梳理，扬长避短。

2. 分层规划

中国城市公园绿地包含综合公园、带状公园、专类公园、社区公园及街旁绿地 5 种类型，每种类型的公园绿地都有其特殊的价值和功用。城市公园绿地有机更新整体性发展应有分层规划意识，考虑用地的限制以及使用人群的需求，规划不同等级、不同面积大小、不同使用功能的多种城市公园绿地，各扬其长，发挥其综合效益。城市中大型公园绿地由于定位和服务半径上的限制，往往是居民周末才去的地方，而社区公园、街旁绿地正因为具有体积小、便捷、灵活的特点，从而成为城市大型公园绿地的良好补充。以位于美国纽约市曼哈顿地区，处于高层建筑包围之中，面积仅 7300m^2 的社区小公园——泪珠公园（Teardrop Park）为例，设计师通过小地形处理、借景和蜿蜒的步道系统，完成了空间序列的塑造，为平坦且平淡的弹丸之地增加了景观层次，并在施工、照明、儿童发展、游艺、土壤、植物等多专业的配合下，将它做成了一个空间丰富、开合有度、生机盎然、老少皆宜、可持续并兼具为候鸟等多种动物提供优质生境的小型公园绿地（图 5-11）。它是一个真正的都市绿洲，让人忘记了身处的城市和周边的建筑。再以北京市为例，2000 ~ 2010 年，北京城市公园绿地的数量和面积呈不断增长之势，公园数量从 2000 年的 122 个增加到 2010 年的 259 个，公园面积由 7742.66hm^2 增加到 12931.10hm^2，年平均增长率为 6.36%，而 10 年里各类型城市公园均有增长变化，其中尤以专类公园和社区公园变化较为显著[18]。再以上海市为例，最近几年加大了对专类公园、社区公园、街旁绿地的建设力度，使全市公园绿地向着多层次化发展。特别是最近成功更新的上海静安雕塑公园，以其特殊的魅力吸引了众多市民及游客的游憩参观（图 5-12）。

图 5-11　美国纽约市泪珠公园内儿童游戏场地

图片来源：自拍于美国纽约市泪珠公园

图 5-12　上海市静安雕塑公园

图片来源：自拍于上海市静安雕塑公园

5.4.3 宏观层面：整合 + 联网

1. 整合资源

英国生理学家谢林顿（C.S.Sherrington）于 1906 年出版的专著《神经系统的整合作用》（The integrative action of the nervous system）中提出了“整合”这一概念，意指机体或细胞中各组成部分在结构上组织严密，功能上协同动作，从而形成完整的系统[20]。现今，“整合”已成为现代认识论中广泛引用的概念，它自诞生之日起就与系统论密不可分。

城市公园绿地有机更新整体性发展的整合资源环节，首先应积极寻求城市公园绿地之间共同的自然资源、历史文脉和风貌特色，为公园绿地单体之间的“整合”创造条件；第二，城市公园绿地的资源整合应以结构上的组织严密、功能上的协同合作为前提，组成局部完整的系统。以南京市为例，城区内的中山风景区、玄武湖公园、九华山公园、北极阁公园、鼓楼广场原先各自孤立成园，互不联系。2012 年初，南京市政府以打造“南京城市中央公园带”为口号，欲将上述公园绿地单体整合成片，形成城区内部连续且有影响力的风光带。这样的“资源整合”，从宏观层面打破场地界限，有利形成真正的“城市绿核”。

2. 系统联网

城市公园绿地有机更新整体性发展，最终体现在公园绿地的系统联网环节。具体方法为，首先在中心城区通过用地置换增加小型公园绿地的均布性，营建一定规模的核心绿地，外围新建区顺应建成区的迅速扩张配置适量的郊野公园、湿地公园等。其次，通过绿色廊道、楔形绿地和结点等，将各层次的城市公园绿地纳入城市绿色网络，构成一个自然、多样、高效、有一定自我维持能力的动态绿色景观结构体系，促进城市与自然的协调发展。

如美国佐治亚大学的道格拉斯（Douglas）教授认为：“每个城市都需要一个最大化的系统结构和生态环境，每个廊道、斑块间的联网和叠加都为城市绿色空间和文化空间的形成贡献力量，系统的能量来源于更多块面的组合与联网。”他以纽约中央公园如何更好地发挥其景观和生态效益为例，做了相关研究，结论为现有的纽约中央公园只是一个孤立的大型斑块，只有通过廊道建设，将中央公园与外围的小型公园绿地系统联网后，才可将纽约城市公园绿地的景观和生态效益最大化发挥。

5.5 南京市公园绿地有机更新整体性发展案例分析

5.5.1 南京市概况

南京市位于江苏省西南部，地处长江下游，北连广阔的江淮平原，东接富饶的长江三角洲，长江和秦淮河流经市区，四境山峦起伏，素有“钟山龙蟠，石城虎踞”之称（图 5-13）。是长江三角洲经济核心区重要城市和长江流域四大中心城市之一，经济发达，综合实力位居全国前列。

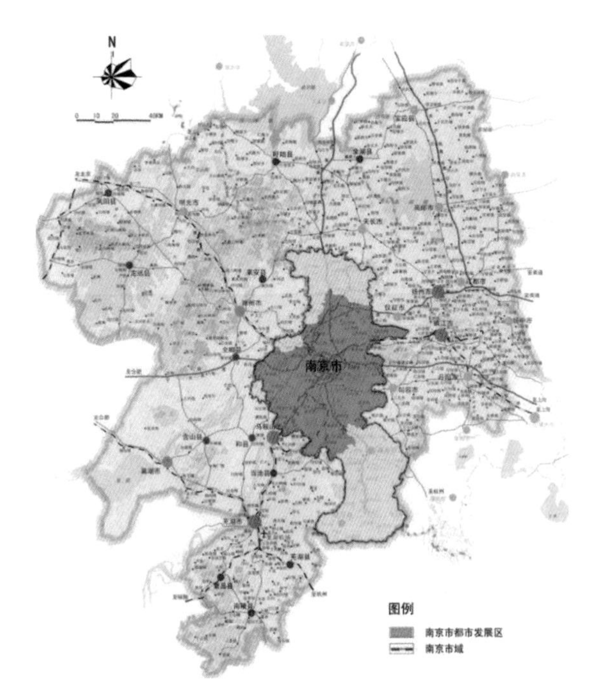

图 5-13 南京市区域位置图

图片来源：南京市规划设计研究院有限责任公司

自公元前472年范蠡在长干里筑“越城”起，至今已有2490多年的建城史，先后有东吴、东晋、南朝的宋、齐、梁、陈在此建都，史称“六朝古都”。尔后又有南唐、明、太平天国和中华民国在此建都，故又统称南京为“十朝都城”，累计的建都史就有450年之久。

南京市辖区跨长江南北两岸，市域行政辖区范围，总面积6582 km^2。现行的行政区划为11区，包括玄武、秦淮、建邺、鼓楼、浦口、栖霞、雨花台、江宁、六合、溧水、高淳11个区，包括84个街道和29个建制镇。截至2011年年底，南京市全市域总人口为800多万人。

5.5.2 南京市公园绿地绿化现状

南京市2012年全市绿化覆盖率为44.42%，绿地率为40.07%，人均公园绿地面积14.09m^2/人，全市公园绿地面积达4536.8hm^2，城市园林绿化水平在全国省会城市、直辖市等城市中处于领先水平。根据南京市园林局资料，2007年以来，完成总统府东花园、阅江楼景区、宝船遗址公园和南京中国绿化博览园等一批新增城市公园的建设;完成玄武湖、莫愁湖、栖霞山公园、白鹭洲、乌龙潭、浦口和太子山等一批城市公园的环境综合整治和基础设施建设；风景区建设以扩容和环境整治为重点，栖霞山风景区初步建成，珍珠泉风景区有效扩容，中山陵环境综合整治取得显著成效；雨花台烈士陵园通过基础设施改造，强化景区环境整治，景区面貌焕然一新。随着城市发展从主城向都市发展区迈进，郊野公园建设逐步成为城市生态环境建设新的亮点，计划重点建设的聚宝山、幕燕、佛手湖、绿水湾、新济洲等16个郊野公园中目前已经基本建成幕府山、聚宝山、绿水湾、江心洲等郊野公园。

5.5.3 南京市中心城区绿地系统规划（2007 ~ 2020 年）

南京市中心城区绿地系统规划主要结合山体、水域、历史文化等资源点，形成以都市区绿地系统为主体骨架、以均衡分布的城镇公园和社区绿地为补充、系统性与可达性较强的中心城区绿地布局。

1. 主城区绿地布局

主城区：延续现行规划确定的“两环四片”的绿地系统结构。内环为明城墙风光带；外环为围绕主城的绿环，由东部绕城公路绿带，南部沿秦淮河、绕城公路以及西部滨江绿带共同构成外环；四片分别为：钟山风景区、雨花台——菊花台风景区、幕燕风景区及夹江风光带（包括河西滨江风光带和江心洲湿地公园），同时加强主城水系和道路沿线的绿带建设，串联各类公园、街头绿地并加强与外围区域绿地主骨架的联接，形成外楔于内的绿地系统。

2. 副城区绿地布局

（1）江北副城

构建支撑江北沿江带型组团发展的绿地系统结构。横向沿带型城市形成“两带”，纵向以若干绿色通廊相连通，并隔离各组团，形成“两带八纵”绿地系统骨架。“两带”是沿老山的山林绿带和沿长江的滨水绿带;“八纵”是高旺河、城南河、七里河、朱家山河、石头河、马汊河水系及沿河绿带和绕城公路浦口段绿带、雄州——长芦隔离绿地，起到隔离各组团并沟通老山山林绿带和长江滨水绿带的作用。

（2）东山副城

构建“三横三纵”绿地系统骨架。“三横”是秦淮新河、牛首山河水系及沿岸绿带,以及公路二环绿带;“三纵”是机场高速公路、宁杭高速公路绿带、秦淮河水系及两侧绿带。

（3）仙林副城

构建“三横三纵”绿地系统骨架。东西向形成以龙王山——桂山——灵山山林绿地构成的绿色通廊，并连接紫金山，沿312国道和沪宁城际铁路形成的绿带，以及沿沪宁高速两侧形成的绿带。南北向为土城头路绿带，九乡河水系及沿河和公路二环绿带以及七乡河水系和绿带构成，并联通长江。

5.5.4 南京市公园绿地规划（2007～2020年）

南京市公园绿地规划充分利用滨江城市和山水城林的自然和历史文化条件，充分结合城市水系和文物古迹，因地制宜建设公园绿地。规划考虑公园绿地合理的服务半径，力求做到大、中、小均衡分布，尽可能方便居民使用。规划综合性公园服务半径为2000～3000m，社区公园绿地服务半径为1000～1500m，街旁绿地服务半径在500m以内。规划结合城墙、河道规划带状公园，一方面对其起到保护作用，另一方面联系城市其他各级各类绿地，发挥生态廊道的功能。规划根据主城和各副城按照高品质建设标准和各自资源条件特点，建设各类专类公园。结合城墙、城门遗址和遗迹等历史资源建设专类公园；城郊建设大型主题公园和风景名胜公园；主、副城各建设植物园一处，结合社区中心建设儿童公园和游乐园；结合南京林地和湿地资源比较丰富的特点增加专类公园类型：结合城市规划建设用地内的湿地资源，建设城市湿地公园；结合规划建设用地内的山体林地，建设生态林地公园。各类公园绿地规划总面积为11994.09hm^2，详见表格（表5-1）。

南京市各类公园绿地规划面积汇总表　　表5-1

编号	公园类型	个数	用地面积（hm^2）
1	综合公园	51	2143.79

续表

编号	公园类型	个数	用地面积（hm^2）
2	社区公园	108	516.19
3	专类公园	28	5294.44
4	带状公园	68	3193.71
5	街旁绿地	74	845.96
合计	—	329	11994.09

资料来源：南京市规划设计研究院有限责任公司。
表格自绘。

5.5.5 南京市公园绿地有机更新整体性发展研究

根据南京市公园绿地建设现状百分比图（图5-14）及南京市各类公园绿地建设现状百分比图（图5-15）综合分析得出：第一，南京市公园绿地建设以新建、更新、保留、规划四种方式同时展开，其中新建的比例最高，更新其次；第二，社区公园和街旁绿地以新建的方式为主，而综合公园、专类公园、带状公园以更新方式建设的比例较高；第三，综合公园、社区公园、街旁绿地均有一定数量比例的原址保留。

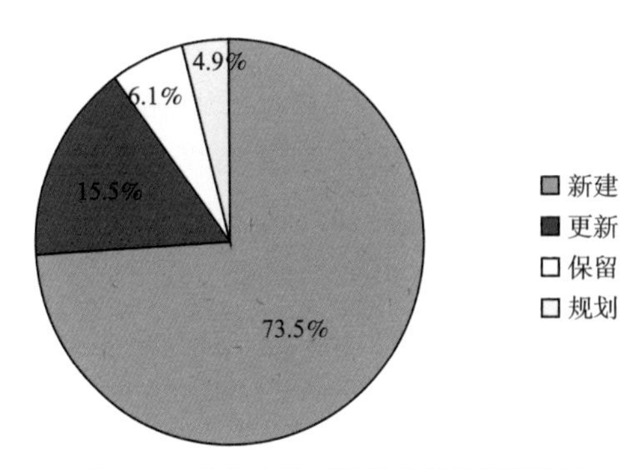

图5-14 南京市公园绿地建设现状百分比

图片来源：南京市规划设计研究院有限责任公司饼状图自绘

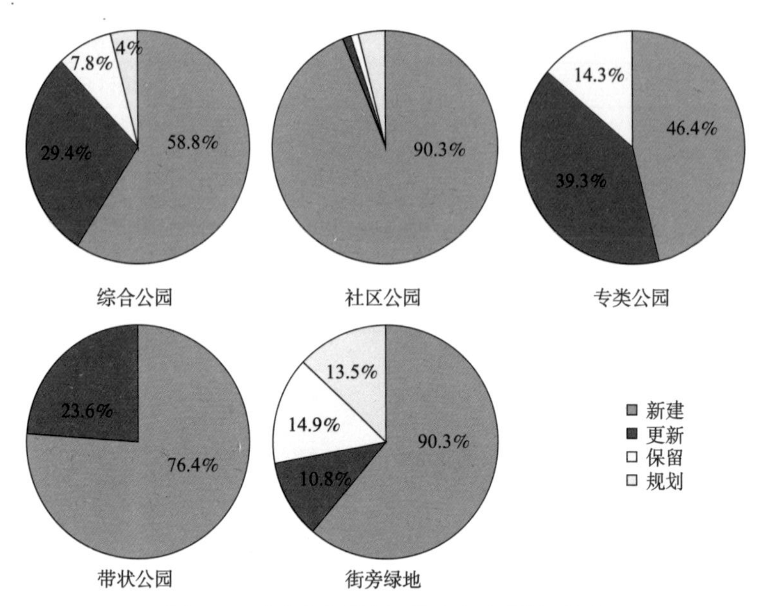

图 5-15　南京市各类公园绿地建设现状百分比

图片来源：南京市规划设计研究院有限责任公司饼状图自绘

1. 南京市公园绿地单体开放溶解

截至 2012 年年底，南京市公园绿地免费开放率已达 87.56%。其中以玄武湖公园、雨花台风景区、北极阁公园、明故宫遗址公园、东水关公园、中山门公园、神策门公园、石头城公园、绣球公园、乌龙潭公园、南湖公园、灵谷寺旁东洼子、西洼子、鼓楼公园、大钟亭公园、和平公园、白下艺术公园、武定门公园、清凉山公园、菊花台公园、郑和公园、小桃园、月牙湖公园、绿博园、九华山公园、白鹭洲公园、燕子矶公园、情侣园等综合公园为主。南京市还决定在现有城市公园绿地免费开放基础上，将红山动物园、莫愁湖公园、古林公园、栖霞山风景名胜区、阅江楼等 39 家市、区属的景点景区设置免费开放日，其中大多数设置的免费开放日为 1 天，少部分免费开放日有 2 ~ 3 天。到 2015 年，南京市综合公园将实行全部免费开放。

2. 南京市公园绿地类型丰富多元

南京市公园绿地类型丰富多元，根据2009年修编的南京市城市绿地系统规划（2007 ~ 2020年），本书得出以下结论：根据南京市中心城区各类城市公园绿地面积百分比图（图5-16）及南京市中心城区各类城市公园绿地数量百分比图（图5-17）可看出，综合公园、社区公园、专类公园、带状公园、街旁绿地均有一定比例的分布，其中专类公园和带状公园的面积较大，社区公园与街旁绿地的数量较多，综合公园的面积和数量处于中间位置。由此得出，南京城市公园绿地类型丰富，层次清晰，比例合理。

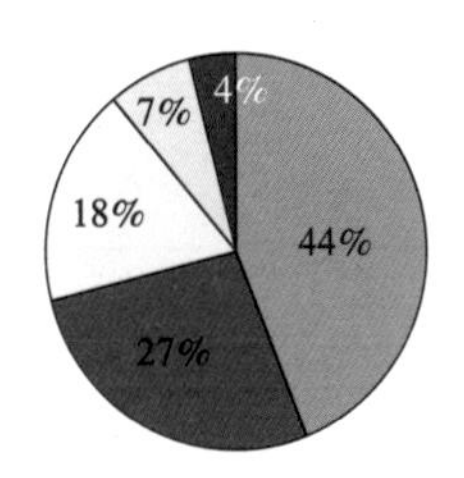

图5-16 南京市各类公园绿地面积百分比

数据来源：南京市规划设计研究院有限责任公司
饼状图自绘

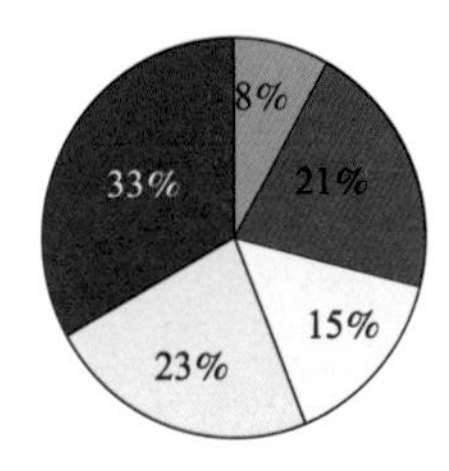

图5-17 南京市各类公园绿地数量百分比

数据来源：南京市规划设计研究院有限责任公司
饼状图自绘

根据南京市公园绿地数量统计表（表 5-2）、南京市公园绿地主城区、副城区面积百分比图（图 5-18）及南京市各类公园绿地主城区、副城区面积百分比图（图 5-19）又可看出：第一，“一主三副”的城市结构中，各个片区均分布不同等级的城市公园绿地，即综合公园、社区公园、专类公园、带状公园、街旁绿地，各种类型无一缺项；其次，由于主城区用地限制，各类城市公园绿地建设数量略低于副城区，但体现城市特殊魅力的专类公园仍以主城区建设为主；第三，随着副城区居住人口数量增多，新建大量住宅小区，为满足使用需求，各类城市公园绿地的建设比例稳中有升，特别是社区公园的建设力度远大于主城区。

南京市公园绿地数量统计表 **表 5-2**

类型 位置	综合公园	社区公园	专类公园	带状公园	街旁绿地
主城区	20	21	19	33	36
副城区	31	87	9	35	38
小计	51	108	28	68	74

数据来源：南京市规划设计研究院有限责任公司。

表格自绘。

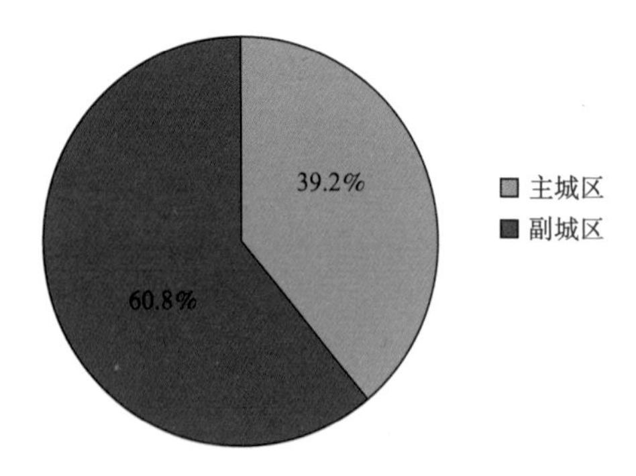

图 5-18 南京市公园绿地主城区、副城区面积百分比

数据来源：南京市规划设计研究院有限责任公司

饼状图自绘

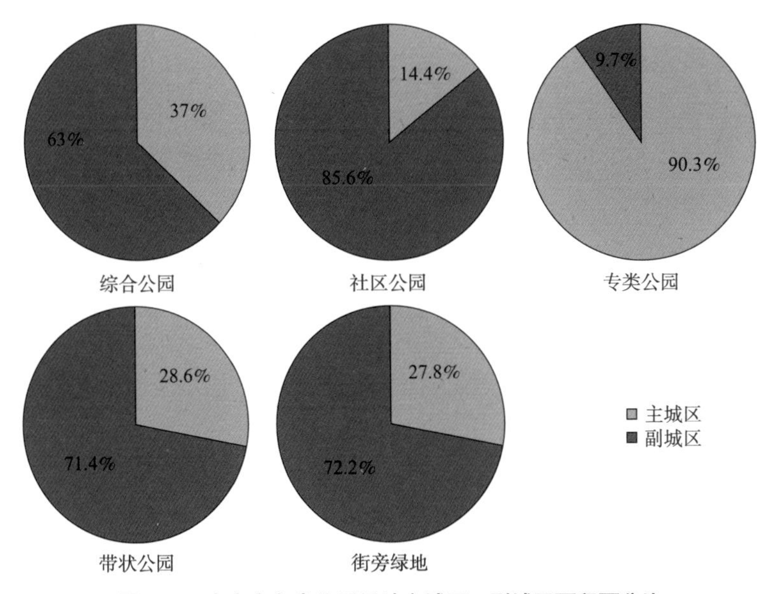

图 5-19 南京市各类公园绿地主城区、副城区面积百分比

数据来源：南京市规划设计研究院有限责任公司

饼状图自绘

3. 南京市公园绿地网络结构稳定

截至 2012 年年底，南京市已实现主城区内任意一点，市民出门 5min，步行 300m，即可到达一片有一定规模的城市公园绿地。并计划每年新建绿地不少于 20 块，面积不少于 100000m^2。截至 2013 年年底，南京市还改造了 300 个小区的绿化，新建 100 个社区公园，把绿色送到居民家门口，基本实现“推窗见绿、出门进绿、处处有绿”的美好蓝图。据规划说明，新建的 100 个社区公园主要集中在缺少绿色的老城区，与现在街头巷尾添的小块绿地不同的是，这些社区公园功能更加齐全，除了绿色，还会增添配套设施，如供居民休憩的椅子、晨练运动场所、健身器材等。

可见，南京市公园绿地更新注重从城市的整体谋划出发，在推进公园绿地单体开放、丰富公园绿地类型、构建公园绿地网络等方面做出了扎实有效的努力，为提高城市环境整体质量发挥了积极作用，也为中国城市公园绿地有机更新的整体性发展提供了较好的思路。

5.6 本章小结

本章围绕城市公园绿地有机更新整体性发展目标，展开论述。首先，对中国城市公园绿地更新中的局部更新与整体谋划两者产生的矛盾表现进行剖析，分类揭示只注重局部更新而忽视整体谋划所引起的更新误区，提出应以整体谋划为前提进行城市公园绿地有机更新的整体性发展建设。

第二，介绍支撑城市公园绿地有机更新整体性发展目标的基础理论，即整体性理论、城乡一体化理论、灰空间理论。分析城市公园绿地有机更新整体性发展的特征，包含开放化、分层化和网络化。

第三，总结城市公园绿地有机更新整体性发展的规划方法，先从微观层面，对公园单体实行开放式管理，使其溶解于城市环境，再从中观层面，梳理城市内部资源，分层次规划城市公园绿地种类，最终从宏观层面，整合城市资源，将公园绿地联网成片，实现其整体性发展。

最后，以南京城市公园绿地有机更新为例，分析其多年来在有机更新整体性发展上采用的方法和所取得的成功经验，即公园单体开放溶解、公园绿地类型丰富多元、公园绿地网络结构稳定，佐证城市公园绿地有机更新整体性发展目标的理论与实践价值。

参考文献

[1] 陈跃中．大景观——一种整体性的景观规划设计方法研究[J]．中国园林，2004（10）：11-15.

[2] Waxman S. The History of Central Park[EB/OL]. http：//www.ny.com/articles/centralpark.html

[3]（美）刘易斯·芒福德 著．宋俊岭，倪文彦 译．城市发展史——起源、演变和前景[M]．北京：中国建筑工业出版社，2005.

[4] 瞿志．北京城市公园体系研究及发展策略探讨[D]．北京：北京林业大学，2006.

[5] http：//baike.baidu.com/

[6] 吴良镛．北京宪章[M]．北京：中国建筑工业出版社，1999.

[7] [日]黑川纪章著．郑时龄 译．共生的思想[M]．北京：中国建筑工业出版社，1997.

[8] 白丹，闫煜涛．论园林中灰空间与人性场所的营造[J]．西北林学院学报，2009，24（3）：185-189.

[9] 赵鹏，李永红．归位城市，进入生活——城市公园开放性的达成[J]．中国园林，2005，（6）：40-43.

[10] 傅凡，赵彩君．分布式绿色空间系统：可实施性的绿色基础设施[J]．中国园林，2010（10）：22-25.

[11] [美]C.亚历山大等 著，王听度，周序鸿 译．建筑模式语言（上）[M]．北京：知识产权出版社，2002.

[12] Maas J，Dillen S M，Verheij R A，Groenewegen P P. Social contacts as apossible mechanism behind the relation between green space and health[J]. Health & Place，2009，22（15）：586-595.

[13] 李延明．北京城市园林绿化生态效益的研究[J]．城市管理与

科技，1999，1（1）：24-27.
[14] 刘娇妹，李树华，杨志峰．北京公园绿地夏季温湿效应 [J]. 生态学杂志，2008，27（11）：1972-1978.
[15] Shashua-Bar L，Swaid H，Hoffman M E.On the correct specification of the analytical CTTC model for predicting the urban canopylayer temperature[J]. Journal of Energy andBuildings，2004，11（9）：975-978.
[16] Jauregui E. Influence of a large urban park on temperature and convective precipitation in a tropical city[J]. Journal of Energy and Buildings，1990/1991（15/16）：457-463.
[17] Spronken-Smith R A，Oke T R. The thermal regime of urban parks in two cities with different summer climates[J]. International Journal of Remote Sensing，1998，12（19）：2085-2104.
[18] Jacobs，J. The Death andLife of Great American Cities[M]. New York：Random House，1961.
[19] 毛小岗，宋金平，杨鸿雁，赵倩 .2000-2010 年北京城市公园空间格局变化 [J]. 地理科学进展 .2012，31（10）：1295-1306.
[20] 金炳华．哲学大辞典 分类修订本（下）[M]. 上海：上海辞书出版社，2007.

第6章 城市公园绿地有机更新特色性发展研究

中国的城市越来越相似，事实上，它们是如此的相似，以至于我无法分清他们是哪个城市。

——王晓东[1]

6.1 城市公园绿地有机更新特色性发展背景与意义

6.1.1 时代共性与场地个性矛盾表现

谋求城市公园绿地特色性发展，是城市公园绿地有机更新的题中应有之义。而这方面，经常存在时代共性与场地个性两个矛盾。时代共性与场地个性是风景园林师都必须重视的两个方面，是城市公园绿地有机更新特色性发展中不可或缺的两个要素。辩证处理好两者关系，使时代共性寓于场地个性之中，让场地个性体现时代个性，便可取得相得益彰的效果。但令人遗憾的是，中国众多城市公园绿地更新过程中，往往只注重时代共性，忽略场地个性，导致自身珍贵特色缺失。更可悲的是，许多地方所追求的“时代共性”，并非真正意义上的时代共性，而仅仅是一些“盲目跟风”、“表象模仿”、“标签乱贴”，甚至是“邯郸学步”、“狗尾续貂”、“数典忘祖”，令人置身其中，环顾四周而不知身居何处，此风如不狠刹，后果危害极大。概括起来，突出表现为以下几种偏向。

1. 万园一面

当人们关注一些事物时，表明这些事物或“因流行而普遍”，或“因式微而消失”[2]。对场地个性的关注是因为目前的城市风景园林规划设计中特色性缺失，呈现“万园一面”的景观。这种现象不仅存在于风景园林行业，城市规划中的“千城一面”、建筑设计中的“泛国际式”，都是特色性消失带来的产物。由于现代社会对标准化及效率的追求，社会发展的“统一性”占据了主要地位，而对场地特色表达具有特殊含义的一些文化、乡土艺术开始衰退，特别是拥有悠久历史，但经济技术发展相对落后的国家与地区，受西方社会的影响而具有明显的“西化”倾向[3]。

中国城市公园绿地更新中出现的“万园一面”现象,究其原因,由于不同时期的政府领导部门及公园管理部门“长官意识”的片面影响,盲目追求风尚和变化,使得不同阶段的更新工程风格迥异,照搬模仿、追求档次、贪大求洋的做法使得“西洋风”、“古建风”、“广场风”、“热带风”等不同风格的建筑小品、植物、公共设施充斥在公园中（图 6-1）,不切实际地“断章取义”或“断枝取杆”做法,造成城市公园绿地个性特色丧失殆尽，甚至有些城市公园绿地经过多次更新后，景观风格完全失控，不伦不类。

图 6-1　中国某城市“西洋风”社区公园

图片来源：互联网

2. 文化标签

城市公园绿地在其长期发展建设中形成了自身特有的历史、文化、地域氛围和环境，这种长期的积淀，是城市公园绿地文化个性特色的直接体现。但目前由于追求时代共性中的“文化景观”风潮，城市公园绿地更新中出现“文化标签”现象，即滥用文化，但凡更新，必生硬加盖“文化印章”，而对公园绿地内特有的具有较高价值的历史遗存和珍贵文物古迹、地域的特色风土人情、民俗文化等却视而不见。如在中国，20 世纪 80 年代末、90 年代初时期，以旅游创收为主要开发目的文化主题公园建设，“欧美文化”、“三国文化”、“红楼文化”等主题公园在多个城市重复出现，不可避免的带来了景观的“同化”效应。又如在中国某些城市公园绿地更新中，常以景观雕塑小品形式进行场地文化内涵的提升，而其中的部分雕塑小品主题不明、形式怪异，和场地原有文化氛围格格不入（图 6-2）。

图 6-2　中国某城市公园绿地景观小品

图片来源：互联网

3. 硬性设计

城市公园绿地更新的规划设计者，往往为产生“轰动效应”，哗众取宠，方案以个人主观意识为主导，以科技替代一切。公园绿地景观谈不上个性，更谈不上身份特征，它可以在美洲建造，可以在欧洲建造，也可以在中国建造。无论是北京、上海、南京或是香港、台北，放置任何一地，皆可实现。“硬性设计”使城市中的大部分公园绿地失去场地原有的珍贵个性，彼此雷同。

如坐落于南京市地理中心的北极阁公园，周边自然生态景观丰富、历史文化内涵深厚，是集中体现南京城市自然地理风貌和现代城市景观的标志性地段。北极阁公园作为南京城市的形象工程，对外宣传窗口，南京市政府花费巨资对其进行景观更新，但却未达到预期效果。南京是一座文化底蕴深厚的古城，拥有丰富历史文化资源，北极阁广场景观更新却未将古都文化充分表达，而是硬性设计“放之四海而皆准”、造价极高的人造假山群和音乐喷泉，由于景观设备长期闲置，造成其老化损坏、利用率低（图 6-3）。

图 6-3　南京市北极阁公园原有景观

图片来源：自拍于南京市北极阁公园

2014 年，为迎接青奥会，南京市政府又将北极阁公园全部推翻重建,造成了资源浪费（图 6-4）。每个城市都有自己特定的历史文化，文化是景观设计的灵魂，北极阁公园景观更新生搬硬套、盲目仿照外地硬性设计，最终弄巧成拙。

图 6-4　南京市北极阁公园现有景观

图片来源：自拍于南京市北极阁公园

6.1.2　城市公园绿地有机更新特色性发展意义

正确处理时代共性与场地个性的关系，坚持以场地个性为前提，谋求城市公园绿地有机更新的特色性发展，有着十分重要的意义。

首先，这是“把根留住”的迫切之举。保护和发展中华民族悠久而灿烂的历史文化，是每一个炎黄子孙义不容辞的神圣职责。中国的历史文化之根，既在孔孟学说、李白、杜甫诗篇等精神文化中，也在名胜古迹、山川地貌包括城市公园绿地的个性特色中。破坏以致丢弃了特色，就破坏以致丢失了文化之根。1999 年世界建筑师大会上，吴良墉院士在《北京宪章》中提到：“我们的时代是个‘大发展’和‘大破坏’的时代。我们不但抛弃了祖先们彰显和谐人地关系的遗产——充满诗意的文化景观，也没有吸取西方国家城市发展的教训，用科学的理论和方法来梳理人与土地的关系，大地的自然系统——一个有生命的‘女神’在城市化过程中遭到彻底或不彻底的摧残[5]”。这段话不仅揭示了中国建筑界和风景园林界不容忽视的严峻现实，也敲响了时代警钟。风景园林师要做保护和发展民族文化的功臣，而不是历史罪人。

同时，这也是“枝繁叶茂”的长久之举。“民族的才是世界的”、“特色的才是长久的”，艺术的生命归根到底是特色。当今，“全球一体化”趋势下，城市居民的生存空间、日常生活模式等都日趋相似，城市公园绿地更新的模式和内容也都趋于国际化。这种国际化的城市公园绿地虽能满足现代人对其功能使用上的技术要求，却满足不了心灵上的慰藉。人们期望公园绿地能突显其地域文化特色，唤回对家乡土地和风俗文化的回忆，延续其潜在的文化脉络。因此，保护好城市公园绿地的个性化特色，才能使其始终保持不可替代的鲜明特色和旺盛的生命活力，长久地为城市添彩、为民众服务。

6.2 城市公园绿地有机更新场地个性特色分类

6.2.1 地域属性特色

1995年世界公园大会宣言曾提出：“一个公园必须继承该地域的地方景观和文化。公园在整体上作为一种文明财富存在，必须保持它所在地方的自然、文化和历史等方面特色。”

地域性景观是当地自然景观与人文景观的总和，它是当地自然条件和人类活动共同影响的历史产物，自然景观是城市的基础，文化景观是城市的灵魂。由于世界上各区域气候、水文、地理等自然条件不同，形成了各具特色的地域景观，也形成了丰富多彩的人文风情。可见，景观的地域性主要由两方面的要素构成：一方面，它依赖于景观所处地域的自然环境，即自然要素；另一方面，它又被历史人文所影响，即特定地区文化意识形态所形成的人文要素。地域属性特色表现在自然要素和人文要素间的相互联系，相互作用，它们和谐共存，共生共长。

1. 自然要素

地域属性特色的自然因素包括：地形地貌、地质水文、土壤、植被、动物、气候条件、光热条件、风向、人乃至整个生态系统，它们是构成人类社会行为空间的主要载体，是特色性景观存在的物质基础[5]。城市公园绿地景观中，影响和决定其地域属性特色的自然要素以地区气候、地形地貌、植被资源及河流水文4种为主。

（1）地区气候

气候的差异是形成地域差别的重要原因，它影响到地域的水文条件、生物条件以及地形地貌，也会造成人们生活方式的差异，从而极大影响城市公园绿地地域属性特色的形成。是否适应地区气候环境是检验城市公园绿地景观合理与否的第一把标尺。

国外城市公园绿地更新中也不乏契合当地气候条件的佳作。如乔治·哈格里夫斯（George Hargreaves）在旧金山市海湾附近的烛台点文化公园（Candlestick Point Cultural Park）更新中，导演了一曲“风与水”的交响乐。他根据当地多强风的气候特点，在基地常年主导风向上，设置了数排弯曲的人工风障山，并在最里侧开启了“风之门”作为公园的主入口，引导人们在此通过接触大自然而深刻体会自身的存在。同时，园中又设计了沿着一定坡度伸向水面的草坪，在几道弯曲的土堤中间切了一道缺口，形成了开敞的迎风口，在这个案例中，风成为景观中不可缺少的元素之一，充分表达了设计师对当地气候的尊重（图6-5）。

图 6-5　美国旧金山市烛台点文化公园

图片来源：http：//www.hargreaves.com/projects

（2）地形地貌

各个地区都有属于自己的地形地貌，不同的地形地貌特征创造了多样的自然景观，并影响到地方的环境风貌。一个地区明确突出的地形特征会潜移默化地影响人们对空间的认知，历史上各地区居民的理想生活空间图式在很大程度上与当地的地形特征相关。中国幅员辽阔，地形地貌复杂多样，有雄居全球的最高峰，有极目千里的大平原，还有辽阔的高原，以及山地、丘陵和盆地。不同的地形地貌条件下，人们对于自然的认知不同，形成的地域特色也各不相同。

现今，城市公园绿地更新中缺少地形的变化，空间感单调。城市公园绿地有机更新特色性发展应秉承因地制宜的原则，尽量保留场地原有地形，适当局部改造，如以地形的起伏、空间分隔和围合等手法，形成多样的景观空间效果。以美国华盛顿越战纪念公园为例，设计师林荫用最简洁但却震撼的微地形改造，征服了所有的美国民众，完成了极具特色的越战纪念广场项目（图 6-6）。又如上海虹桥公园内的地形处理相当精妙，起伏的草坪使园内空间层次更为丰富（图 6-7）。

图 6-6 美国华盛顿市越战纪念公园地形

图片来源：自拍于美国华盛顿市越战纪念公园

图 6-7 上海市虹桥公园内起伏地形

图片来源：自拍于上海市虹桥公园

（3）植被资源

植物是城市公园绿地中有生命力的个体，植被资源与地域特点紧密结合。河湖、土壤、地形地势、气候环境等的差异产生了具有地域特色的植物种群。城市原有公园绿地经过几十年的发展，园内植物品种繁茂，形成了稳定的植物群落。但由于缺乏长期科学细致的维护与管理，植物配置单调、组织无序、局部老化退化，已无法适应现代审美和生活需求。

城市公园绿地有机更新特色性发展，应尽可能保留和利用园中乡土植物及树龄较高的古树，梳理杂乱的植物群落，优化空间，营造植物景观的新秩序。如著名巴西景观设计师布雷·马克斯（Roberto Burle Marx）精通各种植物的观赏特性和生态习性以及如何在园林中创造适宜的植物生长环境，他开发了热带植物的园林价值，开拓性地运用了被当地人看作是杂草的巴西乡土植物，使其在园林中大放异彩，创造了具有地方特色的植物景观，为巴西的现代主义景观设计开辟了新的方向。

（4）河流水文

水是风景园林造园的重要元素之一，有“无水不成景”之说。中国园林从古至今都以对自然山水的巧妙利用而著称，发源自秦汉以来“一池三山”的园林总体布局，均是以山水作为园林的总体骨架。古人有云:水令人远，石令人古;动者乐流水，静者乐止水。由此得出，水给人们带来了无限遐想和美轮美奂的感受。

亟需更新的城市公园绿地建成年代已久，水体景观出现一系列老化状况。公园绿地的规划设计者和管理者常忽视园内水体资源的珍贵性，水体管理的流动性和循环性较差，导致水体整体质量下降，有些水域因长期缺乏疏导而呈现富营养化，失去水的灵性和韵味，严重影响每个城市公园绿地特有的自然景观风貌。

水体流动才能不腐，城市公园绿地有机更新特色性发展应以改善和保护公园绿地内的水体质量为基础，尽量连通园内各处水源，并与周边城市内部的河流、湖泊相联系，建立起贯通的城市水系统，这样不仅对公园绿地内水体自净和生物多样性保护有利，更对改善整个城市中心区的人居环境及生态环境有极大作用。城市公园绿地有机更新特色性发展还应尊重公园绿地内的原有水系形态，详尽分析研究后，根据公园绿地的风格特征、功能分区、人群活动分布而确定更新后的水体形态、结构、岸线处理方式等，同时结合堤、岸、岛、桥等要素进行综合景观规划，丰富公园绿地的水体景观层次。

2. 人文要素

文化作为现代社会的软实力，越来越被领导者和公众发现和重视，如何保护和充分发扬民族文化成为当今社会的重要议题。社会历史文化是人类在历史长河中积累和沉淀后的精华，而传统民俗是与人们日常生活和行为观念联系最为密切的一种基本文化因素，它来源于地区中世代传袭、连续稳定的行为和观念，它也将影响着现今人们的生活，它是地区文化中最具特色的部分。

历史文化的保护和延续对城市具有重要意义，而城市公园绿地是城市文化的重要物质载体。历史文脉是公园绿地的灵魂，更是一座城市文化的象征。城市公园绿地有机更新特色性发展，既要注重对历史文脉和传统民俗进行重点保护，又应对场地的实际情况进行调查、分析和理解，给予适当的调整及完善，增强公园绿地的文化内涵、提升景观品位。

如美国纽约市是全美文化活动最活跃的地方，在这里，文化、信仰和公共生活方式呈现多元化的融合。中央公园作为市内最大的公园绿地，每年都提供大量体育、学术和文化艺术交流活动的场地，众多特色鲜明的文化活动已经发展成为纽约城市文化的标志。最具影响力的活动是每年 6 ~ 8 月举行的夏季舞台（Summer Stage），它是由纽约市政府赞助的一项大规模公益活动，在近 2 个月内提供大量免费的、高水准的现场音乐和戏剧秀，吸引了大量的观光客。又如美国亚特兰大市内以巨石闻名的“石山公园”（Stone Mountain Park）（图 6-8），为向市民和游客展示亚特兰大市特有文化，利用巨石的天然背景，每月都举行一次高科技“城市历史”镭射表演，提高公园人气的同时，传承地域文化。

图 6-8　美国亚特兰大市石山公园

图片来源：自拍于美国亚特兰大市石山公园

6.2.2　硬质景观特色

硬质景观是城市公园绿地的人造景观载体，它的形式、材质及文化内涵往往成为全园的点睛之笔。

1. 建筑小品

建筑小品是城市公园绿地的重要组成部分，反映了不同时期的公园绿地的文化特质，是人与环境关系作用中最基础、最直接、最频繁的实体。建筑小品融社会生活的博大，含个人体验的细微。建筑小品的风格和特色，在很大程度上决定了城市公园绿地景观的风格和特色。

如由建筑师伯纳德·屈米（Bernard Tschumi）设计的法国拉维莱特公园（Le Parc de la Villette），其内部被称为“疯狂点”（Folly）的钢结构红色建筑物给全园带来明确的节奏感和韵律感，“疯狂点”有些与公园的服务设施相结合因而具有了实用功能，有的处理成供游人登高望远的观景台，有的是并无实用功能的雕塑般的添景物（图 6-9），屈米以这些小尺度的红色建筑物为 20 世纪的景观发展史写下了特别的一页。又如在美国波士顿中国城的街旁绿地里，以中国经典故事“龟兔赛跑”为主题设计的特色小品，形象生动，富有寓意，为在美华人带来一丝家乡的韵味（图 6-10）。再如美国芝加哥千禧公园（Millennium Park）内由西班牙艺术家詹米·皮兰萨（Jaume Plensa）设计的皇冠喷泉（Crown Fountain），是两座相对而建的、由计算机控制 15m 高的显示屏幕组成，它交替播放着

图 6-9 法国拉维莱特公园内“疯狂点”

图片来源：自拍于法国拉维莱特公园

图 6-10 美国波士顿市中国城街旁绿地龟兔赛跑小品

图片来源：自拍于美国波士顿市中国城街头

代表芝加哥的1000个市民的不同笑脸，欢迎来自世界各地的游客。每隔一段时间，屏幕中的市民口中会喷出水柱，为游客带来惊喜。至此，让人们不得不敬重艺术家的超凡想象设计，他们抛却传统的建筑小品的功能，促使原本静止的物体与游人互动，赋予建筑小品新的意义（图6-11）。

图6-11 美国芝加哥市千禧公园皇冠喷泉

图片来源：自拍于美国芝加哥市千禧公园

2. 园路铺装

园路构成了城市公园绿地的骨架和经脉，具有分隔空间、组织交通和诱导视线的功能。近年来，随着科技发展，新型铺装材料、新式施工工艺不断出现，如玻璃、金属板、LED灯带、光导纤维灯等铺地材料和照明设施，取得了独特艺术效果，园路铺装趋于科学化、标准化。如上海虹桥公园内使用了嵌入式灯光的彩色橡胶路，给人以视觉和触觉上的不同感受（图6-12）。园路铺装设计特色还体现在充分考虑人的使用需求上，尤其是残疾人、老年人和儿童等弱势群体在使用上的不同特点应受到均等的关注。如上海白莲泾公园内的残疾人通道，设计精妙，尺度适宜，为弱势人群提供便利（图 6-13）。园路铺装特色性设计还可赋予其一定纪念意义，如美国亚特兰大奥林匹克公园，园内铺装镌刻公园建设的捐助者姓名，富含韵味（图 6-14）。园路铺装还可结合场地现状，体现特色。如上海徐汇滨江公园的铺装，结合场地原有的废弃铁轨，自然而质朴（图 6-15）。

图 6-12　上海市虹桥公园园路铺装

图片来源：自拍于上海市虹桥公园

图 6-13　上海市白莲径公园残疾人通道

图片来源：自拍于上海市白莲径公园

图 6-14　美国亚特兰大市奥林匹克公园特色铺装

图片来源：自拍于美国亚特兰大市奥林匹克公园

图 6-15　上海市徐汇滨江公园园路铺装

图片来源：自拍于上海市徐汇滨江公园

3. 公共设施

城市公园绿地中的公共设施必须满足人们基本的使用需求，为其提供必要服务，如休闲、游憩、照明、指引、清洁、安全、信息传达和交流等，功能的满足是公共设施发挥应有作用的前提和保障。随着科技进步和时代发展，城市环境日益复杂，新生活方式的出现，对城市公园绿地内公共设施的功能和要求也在不断地更新和发展，更新设计者必须立足时代前沿，不可简单地照搬传统套路。如美国纽约市高线公园（HighLine Park）内的坐凳别具特色。首先，坐凳尺度宽大、舒适；其次，更新设计者利用场地原有的铁轨资源，在坐凳下部安装滚轮，便于使用者按需求任意组合（图6-16）。又如美国亚特兰大市奥林匹克公园内“五环喷泉”，满足了市民及游人嬉水需求，也体现该城市的奥林匹克文化，形式生动简洁（图6-17）。再如美国芝加哥市千禧公园（Millennium Park）中造型独特的BP桥，既满足了行人的穿行需求，也体现了公共设施的现代特色，令人难忘（图6-18）。

图6-16　美国纽约市高线公园坐凳

图片来源：自拍于美国纽约市高线公园

图6-17　美国亚特兰大市奥林匹克公园五环喷泉

图片来源：自拍于美国亚特兰大市奥林匹克公园

图 6-18　美国芝加哥市千禧公园 BP 桥

图片来源：自拍于美国芝加哥市千禧公园

6.2.3　场所功能特色

城市公园绿地最基本的功能是为人们的游览、休憩、交流及亲近自然提供场所。随着社会经济生活不断发展，城市公园绿地的避灾减灾、教育宣传等功能也在进一步拓展和强化。

1. 避灾减灾

日本是个多地震的岛国，多次的防灾救灾经验使他们深刻认识到城市公园绿地在城市发生自然灾害时所扮演的重要角色。1995 年 1 月 17 日，日本阪神发生了 7.3 级的强烈地震，而城市公园绿地在震后发挥了紧急避难及疏散的重要作用。此后，日本国立即积极开展城市复兴计划，其中一项重要内容就是重新检讨城市中防灾公园布局的合理性和防灾设施的完备性，并提出将部分城市公园绿地改造成防灾公园，以强化城市公园绿地的避灾减灾功能。这一思路值得中国城市公园绿地有机更新特色性发展中对公园功能定位的借鉴和思考。

城市公园绿地有机更新特色性发展应使公园绿地内草坪、广场、水沟、密林和部分游憩设施具备防灾避险功能，如规划避难地、火灾时的隔火带、救灾物资的集散地、救灾人员的驻扎地、临时医院所在地及灾民的临时住所等，使公园绿地具有“平灾结合”的场地功能。近几年，中国自然灾害频发，城市公园绿地在避灾减灾中的作用愈加凸显。2008 年 5 月 12 日，汶川大地震后，城市公园绿地作为城市的公共空间，提供了安全的避难救灾场所，并为灾后城市恢复创造条件。位于深圳市红岭中路的荔枝公园，全园占地面积约 30hm²，其中湖、塘、池等水面占地 10hm²，园内可用做避难场所的面积大约有 15hm²。荔枝公园应急避难场所建设，坚持“以人为本，预防为主，防御与救助相结合”的原则，结合公园现有功能，将其建设成为“应急避难，娱乐休闲”为一体的多功能综合性场所。公园绿地平时是居民休闲娱乐场所，遇突发重大灾难时，如地震、火灾、洪水、爆炸、恐怖事件等，可作为应急安置的避难、避险场所。公园内长期设有生活安置区（棚宿区）、医疗救助区、治安消防区、应急通信区、水电保障区、环境卫生区、物资食品发放区等各种配套功能区和指示标志（图 6-19）。便于居民遇到突发情况，迅速到达避难场所，快速找到安置区域。此为成功范例，但目前中国大多城市公园绿地的防灾设施完备度还较低，也未形成完善的避灾减灾功能体系，需要引起高度重视和积极解决。

图 6-19　深圳市荔枝公园避难场所指示牌

图片来源：自拍于深圳市荔枝公园

2. 教育宣传

近年来，随着居民休闲时间的增多，公众在城市园林绿地中已不再满足于简单的休闲游乐，同时也希望在游览过程中开阔见闻，增长如历史、生态、美学、艺术等方面的知识。因此，城市公园绿地日益成为传播精神文明、科学文化知识和开展宣传教育的重要场所，其教育宣传功能也呈现出内容丰富化、形式多样化的趋势，如传播科学知识、展示历史文化、塑造公民身心健康、促进公民个体与群体联系等功用。关注和研究城市公园绿地中的教育宣传内容和形式，可以提高其使用效率、规划设计的质量，使之在发挥巨大的环境效益和经济效益的基础上，提高城市的生活品质，更好地服务于社会和人民生活[6]。

如美国芝加哥的林肯公园（Lincoln Park）内部长年布置小型植物温室（图 6-20）与儿童动物园，目的在于向公众提供游憩环境的同时，进行科普教育，从而提升公园的游赏品位。又如法国巴黎贝莉社区公园（Bercy），原来是一个存放红酒的大型码头仓库，

图 6-20　美国芝加哥市林肯公园植物温室

图片来源：自拍于美国芝加哥市林肯公园

如今仓库所在地被改造成了大型社区公园，原有的古树和 19 世纪 20 年代建成的特色小房子得以保留，成为周边居民共享的宜人场地，但公园内最具特色的是小型“植物科普园”（图 6-21），它向居民展示乡土植物，使他们收获植物知识，得到身心的愉悦。

图 6-21 法国巴黎贝莉社区公园植物科普园

图片来源：自拍于法国巴黎市贝莉社区公园

6.3 城市公园绿地有机更新特色性发展规划方法

6.3.1 特色苏醒：发现 + 保护

伯纳德·鲁道夫斯基（Bernard Rudofsky）在《没有建筑师的建筑》一书中说：“生活过程的物化表现为设计，它是一种人们对自然环境和社会环境的协调和适应。”这种协调和适应，要求风景园林师尊重场地，尊重历史。

城市公园绿地有机更新特色性发展，首先要求风景园林师具备“发现”的眼光，珍视城市公园绿地内部的特色资源，如园内多年来形成的文化底蕴与格局、独特历史风貌、现存古老建筑、起伏地形、珍贵植物群落、优质水系等，这些特色的不可再生资源一旦破坏就极难复原。因此，城市公园绿地有机更新特色性发展以就地保护的方式使资源得以延续，实现公园绿地的“特色苏醒”。具体体现在对全园景观资源的细部梳理，查找场地中的本土资源，而后严格保护公园绿地内具有历史文化价值的建筑物、文物、遗址以及具有纪念意义的场所用地，保持公园整体生态系统的稳定性，如植物景观，山体、水体的保护，避免大拆大建，保障生态效益的有效发挥，保护公园绿地原有的历史文脉、传统格局与肌理，延续公园的特色文化及人文资源。

如位于澳大利亚墨尔本（Melbourne）市中心的皇家植物园（Royal Botanic Gardens Melbourne），占地 40hm^2，以 19 世纪园林艺术风格布置，内有大量罕见植物和澳大利亚本土特有植物，是全世界设计最好的植物园之一。皇家植物园建于 1845 年，虽经过长达 20 年的更新规划，但至今仍保留着 20 世纪的风貌。如园内建于 1876 年的福伊尔火山园（Guilfoyle’s Volcano）遗址，在闲置了长达 60 年后，被重新景观开发，成为皇家植物园的重要文化景点（图 6-22）；又如皇家植物园格外珍视场地内部原有的湿地资源与景观，首先通过收集和储存雨水，而后经过滤和循环，排入

图 6-22　澳大利亚墨尔本市皇家植物园的福伊尔火山园

图片来源：网络 http://www.rbg.vic.gov.au/rbg-melbourne/landscape-projects/guilfoyles-volcano

湿地，维持湿地的恒定水量（图 6-23）；再如皇家植物园自建园以来，汇集了来自全球各地 12000 余类、30000 多种植物和花卉，其中以澳洲本土所有原产植物和花卉种类为主，并精心培育出 20000 余种外来植物（图 6-24）。皇家植物园的有机更新规划特色性发展秉承“发现 + 保护”的原则，尽力维持场地原有特色风貌，形成

图 6-23　澳大利亚墨尔本市皇家植物园湿地景观

图片来源：自拍于澳大利亚墨尔本市皇家植物园

图 6-24　澳大利亚墨尔本市皇家植物园植物景观

图片来源：自拍于澳大利亚墨尔本市皇家植物园

独树一帜的景观个性。又如位于上海市徐家汇广场东侧，占地面积约 7.27hm^2 的徐家汇公园，设计者遵循“发现 + 保护”的更新原则，不仅未将耸立在公园内部（原大中华橡胶厂）的烟囱拆除，反而增高了 11m，并别出心裁地将“长高”部分的内部设置光导纤维，形成外观镂空的“高帽子”，烟囱一旦通电打开，光导纤维发出的光亮透出外罩，就像是烟囱顶端冒出的白烟，弥漫整个夜空，极具特色（图 6-25）。

图 6-25　上海市徐家汇公园景观更新后的烟囱

图片来源：自拍于上海市徐家汇公园

6.3.2　特色升华：提炼 + 创新

城市公园绿地有机更新特色性发展，既要有历史观又要有现代观。这就要求更新设计者从场地更深层次的文化内涵出发，用高度概括的艺术语言，将场地原有的、传统的要素形式，进行再处理和再加工，但并不是简单的修复、再现，不能将其更新成为历史的复制品，而是要综合考虑新时代的需求，将传统要素赋予新的时代精神，对地方特色进行创新表达。这种“提炼 + 创新”

的手法，不但能将传统特色传承和延续，还能使地域的“特色升华”。具体表现在城市公园绿地原有风貌基础上，运用现代的技术、材料、设计手法等对原有特色要素形式提炼创新，或修饰，或改变，使其赋予现代功能，满足现代生活和审美需求。

如俞孔坚教授的美国波士顿市中国城公园案例，在城市公园绿地有机更新“特色升华”方面起了典范作用。世界各地的唐人街几乎都呈现相同的景致，用中国特色的牌楼、翘角亭台楼阁、龙凤之形等来界定自己的领域。但美国波士顿市中国城公园用当代设计语言，表达新“中国”的含义、讲述华人移民的故事，在继承唐人街内在精神的同时，创造了一个富有中国和亚洲个性的新唐人街形象，使新公园成为波士顿的一处特色景观。俞先生用大红色的钢板构成简约而鲜艳的门，呼应中国城原有的中山先生题写的“天下为公”蓝色琉璃牌楼，也是对远在中国故乡村口的寨门的记忆。门口是一片野味十足的中国原产植物“茅草”，烘托出微妙的“中国”气氛，它与红色的钢板互成图底关系，令人想起家乡村口的荻花和稻田（图 6-26）。设计中还利用红色的钢构架界

图 6-26　美国波士顿市中国城公园入口

图片来源：自拍于美国波士顿市中国城公园

定植物生长范围，并在细部点缀假山跌水，凸显中国特色（图 6-27）。俞先生通过“提炼 + 创新”的更新手法，创造了一个富有中国和亚洲个性，同时富于时代特色的城市公园绿地，增强社区的归属感、认同感和凝聚力。正如哈佛大学城市设计教授阿列克斯·克里格尔（Alex Krieger）指出：“这小小的城市绿洲，是对中国传统园林的现代诠释，让人们在城市的广阔和喧嚣中能体会到一丝恬静和美丽”[7]。

图 6-27　美国波士顿市中国城公园园景

图片来源：自拍于美国波士顿市中国城公园

6.4　沈阳市北运河带状公园有机更新特色性发展案例分析

6.4.1　项目背景

1. 城市概况

沈阳市位于中国东北地区南部，辽宁省省会，是东北地区最大的中心城市和全国重要的工业城市。市内以平原为主，山地、丘陵集中在东南部，辽河、浑河、秀水河等途经境内。沈阳因地处古沈水（今浑河）之北而得名，建城史已有 2300 余年。它孕育了辽河流域的早期文化，是中华民族的发祥地之一。

2. 运河风景区

沈阳市运河风景区全长49.7km，有大小公园绿地59个。新开河是1914年人工开凿的灌溉渠道，全长27.7km，沿线规划的总体布局以开朗、明快、简洁、流畅的自然景观为基础，突出植物景观特色，渗透人文景观美，它是集“农田灌溉、城市补水、防洪排涝、园林绿化、轻舟游船”五大功能为一体，集古今名胜为一线的沈阳市北部文化长廊。

3. 北运河景观带

北运河景观带位于沈阳市北部，基地依托新开河呈带状分布，西起怒江北路，东至大北关街，全长约为8km。北运河景观带流经沈阳市内的皇姑区、于洪区、沈河区及大东区，沿线存留的历史文化遗迹较多。

6.4.2 沈阳城市绿地系统特色

沈阳市根据城市自然地理条件和城市未来发展布局，确立了中心城区以“一山、一带、两环、五楔”为骨架的多层次、多功能、开放式的城市绿地系统结构。“一山”指把东陵公园、棋盘山等森林带逐步延伸到沈阳市区；“一带”指浑河城区段43km长水系及两侧滨水生态休闲绿地建设，形成800 ~ 1000m宽的水系带状绿化空间，新增绿地8.1km^2；“两环”指环城水系绿化带和3环路生态防护林带的绿化建设，建成了3环路沿线84km长，两侧各75m宽的绿色生态圈,新增绿地8.74km^2;“五楔”指在城市的东部、北部，东北、西北、西南部，建设5处大型楔形绿地，目前已经完成东北、西北、东部和西南部的大型楔形生态绿地，新增绿地9.5km^2。而后，又通过在城市周边大规模开展2环路、3环路、铁路沿线、公路以及城市出入口、机场路、单位庭院、住宅小区和重点地区的城市园林绿地建设，使得沈阳市园林绿地景观实现了历史性的突破（图 6-28）。

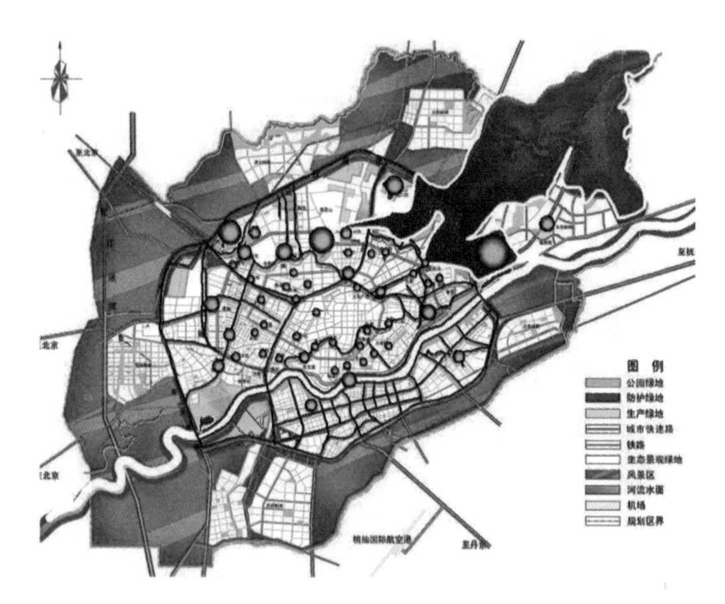

图 6-28　沈阳市中心城区绿地系统规划

资料来源：沈阳市绿地系统规划文本

6.4.3　沈阳市北运河带状公园原有景观状况分析

沈阳市北运河带状公园原有景观状况较差，特色性弱。主要表现为公园原有规划设计主题不明，内部众多场地功能、形式雷同。现存建筑小品、道路铺装等风格混乱、形式突兀、破损严重（图 6-29）。驳岸岸线规则，多硬质施工处理，断面形式单一，少自然趣味（图 6-30）。园内植物品种少，配置杂乱，平面布局及竖向层次均无秩序（图 6-31、图 6-32）。水体景观单调，沿河工程结构（如排水沟、雨水井、橡皮坝等）完全裸露，缺少游赏乐趣。

图 6-29 铺装破损严重

图片来源：自拍于沈阳市北运河带状公园

图 6-30 驳岸硬质化

图片来源：自拍于沈阳市北运河带状公园

图 6-31 植物种类单调

图片来源：自拍于沈阳市北运河带状公园

图 6-32 植物配置杂乱

图片来源：自拍于沈阳市北运河带状公园

6.4.4 沈阳市北运河带状公园有机更新特色性发展研究

1. 更新目标

沈阳市北运河带状公园有机更新目标为重新打造“关爱北运河民生、保护北运河文化、还原北运河生活”的“流淌着千年东北人家故事的河”，即守望东北传统乡土文化，重塑百姓林下亲水生活。

2. 更新定位

（1）生活场景运河化

将老百姓家中生活场景搬到北运河边，使北运河成为沈阳市老百姓日常生活的一部分。

（2）运河故事现代化

将沈阳市的千年历史、盛京文脉中最贴近老百姓生活的民生故事提炼出来以最现代的元素表述，强调景观的互动式参与和人的体验。

（3）自然景观渗透化

从郊外的自然景观过渡到现代都市水岸生活，将生态资源引入沈阳市城区，北运河带状公园的景观基础设施作为激发新一轮城市活力的催化剂。

3. 更新原则

（1）以民为本：对老百姓的活动形态、活动需求进行更新，以老百姓的生活为切入点展开规划，强调对生活的引导。

（2）彰显特色，更新再利用：1）植物：维持原有乔木现状，增加林下耐荫、开花植物，根据基调树种种类，塑造不同层次的丰富林下空间；2）铺装：做加法、求变化，在原有铺装基础上做艺术性提升；3）驳岸：保留大部分驳岸形式，局部岸线调整，增强亲水性；4）地形地貌：基本保留，局部改造；5）桥头节点：关键节点的景观再现，增强识别性和实用性；6）建筑小品：统一整体风格，加强单体更新的现代性、艺术性和趣味性表达；7）场地设施：科学分析不同节点的人的使用需求，增加基础配套设施种类和数量；8）夜晚亮化：全面提升两岸空间亮化层次，丰富百姓夜晚生活。

4. 景观分区更新

沈阳市北运河带状公园有机更新的分区规划（图6-33），用发现的眼光保护场地现有珍贵自然资源、历史文化资源为基础，重新梳理人的需求后，提炼创造不同特色主题空间（表6-1）

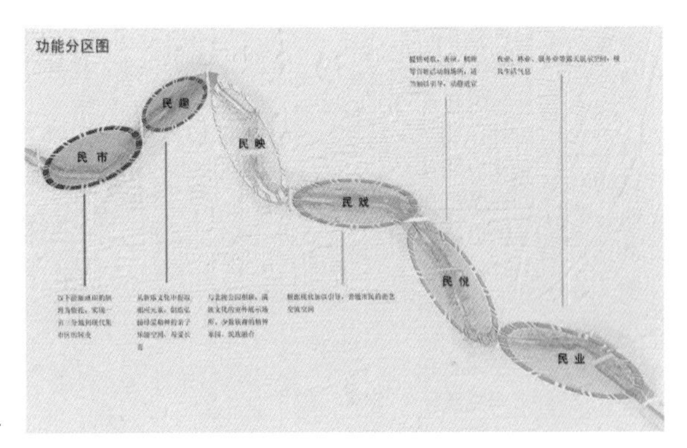

图6-33 沈阳市北运河带状公园景观分区规划

资料来源：沈阳市北运河带状公园景观更新规划文本

南京林业大学风景园林学院

沈阳市北运河带状公园景观分区更新规划　　表 6-1

规划分区	怒江桥至长江桥	长江桥至黄河大街桥	黄河大街桥至北陵大街桥	北陵大街桥至崇山东路	崇山东路至铁路桥	铁路桥至大北关街
分区主题	民市	民趣	民映	民戏	民悦	民业
主题内容	以下游灌溉田的肌理为依托，实现一亩三分地到现代集市区的转变	从新乐文化提取相应元素，创造弘扬母爱精神的亲子乐趣空间，母爱长青	与北陵公园相联，满族文化室外展示场所、少数民族的精神家园、民族融合	根据现状加以引导，普通市民曲艺交流空间	提供对歌、表演、棋牌等百姓活动场所，适当加以引导，动静适宜	农业、林业、服务业露天展示空间，极具生活气息
原有景观	小型散乱的菜市场、大面积杨树林、劳模雕塑、正在建设的林下空间	新乐遗址、母系社会雕塑、临时幼儿娱乐设施、长势良好的常绿植被	与北陵公园一墙之隔、水系相连、青年主题雕塑、老居住区	功能合理的廊亭、假山、树林及部分亮化	靠近北塔公园及其人工水系和湿地、火车轨道、老居住区、废弃锅炉房	铁轨紧贴、步行天桥连接沈阳大学、欧式台地、亭廊等
基调树种	杨树	油松	柳树、刺槐	银杏、皂角	京桃	黄栌
新增景观	入口主题景墙、农耕文化、鸟市、鱼市、花市等现代集市区、宠物交流市场、休闲设施	新乐元素铺装、母系社会主题广场、新乐文化主题小品体验、改造林下亲水空间	满族艺术长廊、北陵映像、洒路灯、木平台、福印广场	秧歌步伐广场、曲艺广场	翠林博弈、对歌舞台、	汉墨流芳书法广场、轮滑广场、风生太极、阡陌花带、五谷丰登广场
亲水形态	乡土气息	岸线适当调整现代气息	古典气息	黄石驳岸现代气息	自然滨水驳岸	岸线适当调整现代气息

资料来源：沈阳市北运河带状公园景观更新规划文本。

南京林业大学风景园林学院。

表格自绘。

5. 景观节点更新

沈阳市北运河带状公园有机更新的节点空间规划，充分挖掘当地的自然及历史文化特色，以功能丰富、形式多样、特色明晰的多个活动及停留空间组成北运河带状公园整体景观特色风貌。其中以下景观节点尤为突出：

（1）民市

以下游灌溉田的肌理为依托，实现“一亩三分地”到“现代集市区”的转变，浓缩城市繁华热闹的集市景象，并提供相应交易场地，方便百姓生活。尊重基址中原有场地位置和植物品种，进行文化主题、铺装形式、小品形式、植物栽植形式的重新整合，以自由式的构图手法联系两岸的观景空间，使两岸景观相映成趣。民市由下列特色景观节点组成：

1）集市缩影：以青砖小瓦铺装和浮雕景墙来表达“现代集市”主题，集中刻画与百姓生活密切相关的集市景象，还原场地活泼生气的氛围。

2）树阵广场：结合现有的树阵广场，运用田的原始肌理，体现与展示农耕文化，树阵广场内设置相关行业雕塑或劳作场面雕塑。

3）鸟语花香：场地提供休憩的景观长廊架，便于人们在廊内遛鸟、交流，体现鸟市场景。

4）渔歌唱晚：结合地形与木栈道，配置渔具类小品，体现鱼市场景。

5）繁花似锦：居住区景观的延伸轴线，居民休憩的场所，通过彩色花带组合，展示花市场景（图 6-34）。

6）运河集市：民市的主要体现和主要功能布置场所，场地内通过雕塑、铺装等形式烘托集市气氛，提供市民交易，以及日常游憩聚会功能的场所。

图 6-34　沈阳市北运河带状公园繁花似锦景观节点

图片来源：沈阳市北运河带状公园景观更新规划文本

南京林业大学风景园林学院

（2）民趣

将场地和周边的重要景点“新乐遗址”密切联系，从文化主题提炼，到细微景观设计，紧扣主题。如从新乐文化中提取相应元素，创造弘扬母爱精神的亲子乐趣空间，并将人的活动作为场地功能的主要体现，布置多个活动内容丰富的主题广场，满足不同人群使用需求。民趣由下列特色景观节点组成：

1）新乐广场：以代表新乐文化的陶罐造型作为铺装平面形式，并用文字介绍新乐遗址文化，上层景观为林荫树阵。

2）亲享童趣：结合规则植物绿篱，提供儿童游玩的小场地，场地上摆放以新乐出土陶罐为设计原型的儿童游乐器具。

3）遥忆童年：原有临水平台配合树阵广场，增加林下亲水空间。通过童年游戏雕塑和水面倒影，唤起游人童年美好记忆。

4）母爱长青：体现新乐母系社会文化，用情景雕塑还原历史场景，再现母爱的长青与伟大。

5）新乐畅想：新乐文化体验区域，以文物外形创作小品和互动性公共设施（图 6-35）。

图 6-35 沈阳市北运河带状公园新乐畅想景观节点

图片来源：沈阳市北运河带状公园景观更新规划文本

南京林业大学风景园林学院

（3）民悦

提供适合百姓各种活动的场所，适当加以引导，动静适宜。以为市民提供可愉悦活动的场地为出发点，在原先场地的节点处，布置可供聊天、下棋、唱歌的特殊功能场地，使得无序的活动变得自然有序。河道两岸相呼应的观景平台，保证了视线的连续。民悦由下列特色景观节点组成：

1）入口广场：布置小型铺装广场和相应坐凳，满足人们唠嗑等日常生活中平淡而真实的生活乐趣。

2）翠林博弈：林下空间放置棋盘桌，便于围棋爱好者来此竞技。

3）载歌舞台：满足民间音乐团体的室外演练需求，提供相应的活动场地（图 6-36）。

图 6-36　沈阳市北运河带状公园载歌舞台景观节点

图片来源：沈阳市北运河带状公园景观更新规划文本

南京林业大学风景园林学院

4）观景平台：沿河岸两侧，布置形式多样的观景平台。

（4）民业

服务业等露天展示空间，极具生活气息。尊重场地原有的地形和场地布置，赋予新的功能和内容，集中表达服务百姓、便民利民的主题。民业由下列特色景观节点组成：

1）撕纸书画广场：设置沈阳市民俗“撕纸画”特色景观小品，并规划现场书法展示台，便于书法爱好者的街头表演（图 6-37）。

2）阡陌花带：在节点靠近铁轨处，用植物造景手法形成花带，控制人群的靠近，使铁路桥成为场地特色背景。

3）风生太极：满足中老年人的活动需求，布置林下空间，营造人性化的锻炼场所。

4）五谷丰登广场：通过展示长廊、景墙等元素，进行服务业的静态展示。

沈阳市北运河带状公园更新前后的巨大反差，又一次说明有机更新的特色性发展对于保护弘扬一个城市珍贵的自然、历史、文化资源，拓展提升公园绿地的文化品位和服务功能，丰富百姓生活是何等重要，其中的成功做法和经验，为中国城市公园绿地有机更新的特色性发展提供了有益的启示。

图 6-37　沈阳市北运河带状公园撕纸书画广场景观节点

图片来源：沈阳市北运河带状公园景观更新规划文本

南京林业大学风景园林学院

6.5　本章小结

本章围绕城市公园绿地有机更新特色性发展目标，展开论述。首先，对中国城市公园绿地更新中的时代共性与场地个性两者产生的矛盾进行剖析，分类说明只注重时代共性而忽视场地个性所引起的更新误区，提出应以场地个性为前提进行城市公园绿地有机更新的特色性发展建设。

第二，介绍城市公园绿地有机更新场地个性特色的分类，包含地域属性特色、硬质景观特色、场所功能特色等。

第三，总结城市公园绿地有机更新特色性发展的规划方法，一方面，以发现的眼光，保护场地特有资源，实现场地特色的苏醒；另一方面，提炼场地绿脉和文脉，进行艺术创新，实现场地特色的升华，通过两种不同的方法实现城市公园绿地有机更新的特色性发展。

最后，以沈阳北运河带状公园有机更新为例，分析其更新目标、更新定位、更新原则、景观分区更新、景观节点更新中所体现的诸多细节特色，总结该案例在特色性发展方面的成功经验，佐证城市公园绿地有机更新特色性发展目标的理论与实践价值。

参考文献

[1] Xiaodong Wang. “The Change of city Concept” in Eduard Kogel and Ulf Meyer, eds, The Chinese City: Between Tradition and Modernism[M].Berlin: Jovis Publishers 2000.

[2] Canizaro, Vincent B. Architectural regionalism: collected writings on place, identity, modernity, and tradition [M]. New York: Princeton Architectural Press, 2007.

[3] 王晓俊.地域·场地·空间——南京溧水城东公园设计的一些思考[J].中国园林，2011，(11): 14-17.

[4] 陈蓉.现代城市绿地特色的营建[D].南京：南京林业大学，2006.

[5] [美]约翰·O·西蒙兹著，俞孔坚，王志芳，孙鹏译.景观设计学——场地规划与设计手册[M].北京:中国建筑工业出版社，2000.

[6] 张媛.我国城市园林绿地教育功能变迁的探讨[J].中国园林，2012，(12).87-90.

[7] [美]威廉·S·桑德斯 主编.设计生态学——俞孔坚的景观[M].北京：中国建筑工业出版社，2013.

第7章 城市公园绿地有机更新生态性发展研究

我们必须守护好上帝给予我们的恩赐，诸如生命、水、太阳、风等，以此来延续我们的文明，而不仅仅只是把我们所创造的东西强加给自然。

——威廉·S·桑德斯[1]

7.1 城市公园绿地有机更新生态性发展背景与意义

7.1.1 人工设计与生态恢复矛盾表现

注重并维护好城市公园绿地的生态性发展，是城市公园绿地有机更新的又一重要目标。而人工设计与生态恢复的矛盾，是风景园林师经常面对的基本矛盾。在城市公园绿地更新的建设中，发挥主观能动性和创造性进行人工设计是必要的，但这种人工设计必须是遵循生态学原理、与生态过程相协调的“生态设计”。遗憾的是，很多城市公园绿地更新往往过分强调主观意志，不顾本地自然生态系统的价值和功能，不切实际地求新求变，只重视人造景观，不惜牺牲生态利益，把原本正常的人工设计变成了片面追求的“人造路线”，造成了资源的极大浪费，甚至导致城市绿地的“生态劫难”。这方面偏向主要有以下表现。

1. 植物搬家

植物搬家现象，即不以本地乡土树种为基础，盲目引进异地的大量树木，破坏生态平衡，造成植物资源的巨大浪费。中国众多城市公园绿地更新中的植物配置，不遵守公开、公示等管理程序，更不尊重专家意见，种什么树、什么规格、怎么种等都以地方领导意见为主导。原本生长旺盛、民众喜爱的乡土植物、适生树种一夜之间全部更换成领导喜欢的外来树种，不仅造成了原生地的生态破坏，更因为砍伐、树木移植后大量死亡等造成了令人痛心的浪费。

如中国北方城市为打造“南国风情”，经常将南方名贵树种引进本地，有的甚至为了过冬存活，只剩下矮小的主干。这样违背自然规律、高成本的“植物搬家”，不仅未形成良好的园林景观，植物也难长久存活，造成资源浪费（图 7-1）。又如中国部分城市公园更新不尊重本地的气候、土壤条件，盲目效仿其他城市园林绿化效果，将植物“整体搬家”进本城市，造成植物短期内快速死亡，浪费大量人力、物力资源。

图 7-1　城市中的“植物搬家”

图片来源：互联网

2. 水质污染

2011 年中国环境状况公报显示，全国地表水污染依然严重，松花江、黄河、淮河、辽河为轻度污染，海河为中度污染。长江、珠江等十大水系监测的469个国控断面中，Ⅳ～Ⅴ类和劣Ⅴ类水质断面分别为25.3%和13.7%，这些大江大河，丧失水质生态功能的水体就占1/3以上；26个国控重点湖泊（水库）中，Ⅳ～Ⅴ类和劣Ⅴ类水质的有14个，占57.7%，中国许多重要的湖泊，例如滇池、巢湖等水体的水质都变成了劣Ⅴ类，完全丧失了生物多样性和水体自净功能。中国今后二三十年仍处在工业化、城镇化和农业现代化的高潮期，大环境对城市水体资源的保护工作带来的严峻挑战不容忽视[2]。最近几年，中国城市公园绿地因开发利用的强度过大，造成水体污染和富营养化现象愈发严重。如人们不断在公园绿地水体中央和周边大量新建人造景观、游乐场所和餐饮设施等，使生产、生活所产生的污水肆意排放，水质污染。南京市莫愁湖公园内的水体就因游乐设施和游客的增多及园方的疏于维护，氮、磷含量较高，呈现富营养化（图7-2）。

图7-2　南京市莫愁湖公园水质富营养化

图片来源：自拍于南京市莫愁湖公园

3. 驳岸硬质化

在城市化和城市扩张过程中，自然河道的硬化、渠化以及“美化”运动在中国大小城市中方兴未艾，这是一种悲哀的现象。尤其是城市公园绿地更新后，其内部的湖泊、河道两侧原有富有生物多样性的生态岸线被硬质驳岸和砌底所代替，呈现“两面光”或“三面光”的水利工程建造模式，原有的自然河堤变成了钢筋混凝土堤，公园绿地的生态多样性和历史文化遗产被严重破坏。现今，中国各地，几乎所有城市河道的处理都是一种景观风格，一个设计模式，这是一种可怕的现状和灾难性的趋势。而且，随着各类城市防洪工程持续扩大，自然的驳岸越来越少。如厦门市中山公园内的河道驳岸经更新后，仍呈现“人造路线”指导下的“两面光”状态，水体资源的生态效益未能实现最大化发挥（图 7-3）。

图 7-3　厦门市中山公园河道驳岸硬质化

图片来源：自拍于厦门市中山公园

7.1.2　城市公园绿地有机更新生态性发展意义

正确处理人工设计与生态恢复的关系，摒弃盲目的“人造路线”，以不破坏场地的原生态系统为基础，以生态恢复为重点，发挥场地稳定的人工植物群落及珍贵水系资源的生态作用，使公园绿地的土壤、水文、生物及形成的小气候和谐演进，谋求城市公园绿地有机更新的生态性发展，对当前和今后都意义十分重大。

首先，这是保证城市健康永续发展的必要条件。随着社会与经济发展，城市环境日趋恶化。人类几万年的农耕文明能始终与地球和谐相处，但仅300年的工业文明发展却导致了城市与自然隔离、对生态环境的冲击及与自然对抗。2013年初，中国中东部大部分地区连续10天出现大范围雾霾天气，部分地区能见度不足百米。环保部监测的120个重点城市中，有67个处于重度污染水平。特别是据北京市环保监测中心的数据显示，该市各地区PM2.5浓度普遍在300μg/cm³以上，远高于新国标规定的75μg /cm³。严峻的现实告诫人们，人类社会必须转向生态文明建设。城市公园绿地是城市绿地系统的重要组成部分，保护和促进其生态恢复，是保证城市健康永续发展的必要条件。中国众多城市逐渐认识到日趋恶化的环境将给人们生活带来毁灭性的威胁，城市应立刻转型，朝着生态功能优化、生活素质提高、节能减排、低碳环保等新方向发展，争创国家生态园林城市成了当今中国城市管理者的最高奖赏之一（图7-4）。

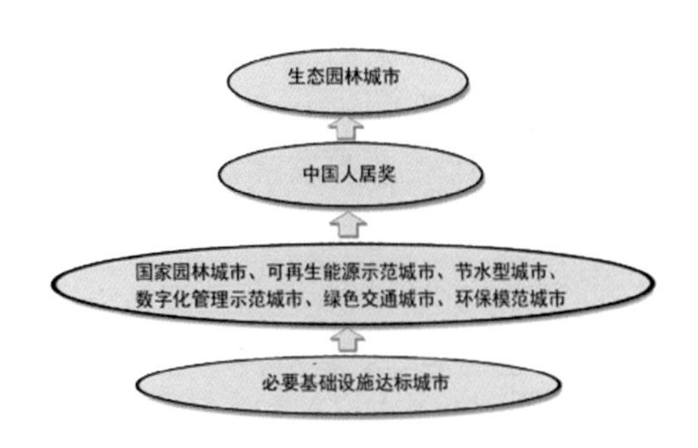

图7-4　城市生态化提升路径

图片来源：《我国低碳生态城市建设的形势与任务》

同时，这也是加快建设节约型社会的必然要求。中国的基本国情和应对气候变化的国际共识，要求人们必须加快建设节约型社会的步伐。城市公园绿地有机更新的生态性发展，是加快建设节约型社会的必然要求。良好的生态环境本身具有很好的自我修复、自然做功的能力。所以，环境建设，特别是生态环境建设，本身就是生产力，而且是更高层次的生产力，是可持续的绿色生产力[3]。如果忽视生态恢复，一味以人造景观越俎代庖，则不仅浪费资源，而且画蛇添足，得不偿失。

7.2 城市公园绿地有机更新生态性发展理论依据

7.2.1 设计结合自然

1969 年，麦克哈格（Ian McHarg）的经典之作《设计结合自然》（Design with Nature），提出了综合性生态规划思想。麦克哈格的技术体现在一个包括自然地理学、排水系统、土壤以及重要的自然和文化的资源因子系统中，他完善了以因子分析和地图叠加技术为核心的生态主义规划方法，并称之为“千层饼模型（Layer Cake Model）”，其中生态因子的指标体系包括气候、地质、水文、土壤和土地现状等，而后做出单因子图。地图叠加技术，主要是根据单因子图，用叠加图的方法分析土地利用的发展潜力与发展极限。综合发展潜力与发展极限图得出土地的适宜性评价，从而做出土地利用规划。

7.2.2 生态设计

生态学家西蒙·范·迪·瑞恩（Siln Vander Ryn）和斯图亚特·考恩（Stuart Cown）于 1996 年合著了《生态设计》（Ecological Design）一书，首次提出了“生态设计”的定义，即任何操作与生态过程相协调，尽量使其对环境的破坏影响达到最小的设计形式。

生态设计遵循生态学原理，继承和发展传统景观设计的经验，使其对环境破坏影响最小的前提下，建立多层次、多结构、多功能的科学植物群落，形成人类、动物、植物和谐的新秩序，达到生态美、科学美、文化美和艺术美的统一。

7.2.3　生态恢复设计

生态恢复设计是通过人工设计和恢复措施，在受干扰破坏的生态系统的基础上，恢复和重新建立一个具有自我恢复、自我维持能力的健康的生态系统（包括自然生态系统、人工生态系统和半自然半人工生态系统），没有毒物和其他有害物质的明显干扰[4]。同时，已重建和恢复的生态系统在合理的人为控制下，既能为自然服务，长期维持在良性状态，又能为人类社会、经济服务，实现资源的可持续利用，兼具生态和经济效益。

7.2.4　绿色基础设施

绿色基础设施（Green Infrastructure）首个定义出现于1999年8月。在美国保护基金会（Conservation Fund）和农业部森林管理局（USDA Forest Service）的组织下，联合政府机构以及有关专家组成了“GI工作小组”（Green Infrastructure Work Group）。这个工作组提出的GI定义为：GI是美国国家的自然生命支持系统（Nation’s natural life support system），即一个由水道、湿地、森林、野生动物栖息地和其他自然区域，绿道、公园和其他保护区域，农场、牧场和森林，荒野和其他维持原生物种、自然生态过程和保护空气和水资源以及提高美国社区和人民生活质量的荒野和开敞空间所组成的相互连接的网络[5]。由此可见，GI包含了各种天然、恢复再造的生态元素与风景要素。

GI的概念和方法由生物保护、城市公园和开放空间规划领域发展而来，它注重维护生态过程的连续性和生态系统的完整性，可以保护自然生态系统的价值及功能，有益于人类健康、野生动植物繁育及社会稳定发展，目前已在欧美国家引起了广泛的重视[6]。中国正面临快速发展时期严峻的人地关系危机，GI 对于中国城市公园绿地有机更新生态性发展具有重要的基础理论价值。

7.3　城市公园绿地有机更新生态性发展原则

7.3.1　提高生物多样性

20 世纪 80 年代后，人们在开展自然保护的实践中逐渐认识到，自然界中各个物种之间、生物与周围环境之间都存在着十分密切的联系。生物多样性（Biological Diversity）是生物及其与环境形成的生态复合体以及与此相关的各种生态过程的总和，它包括数以百万计的动物、植物、微生物和它们所拥有的基因以及它们与生存环境形成的复杂生态系统。生物多样性主要包括遗传多样性、物种多样性、生态系统与景观多样性三个层次[7]。

城市公园绿地因其面积大、历史悠久、位置重要，是城市生物多样性的主要载体，它为城市提供了绿色生态保障。城市公园绿地有机更新生态性发展应遵循提高城市生物多样性理念，不仅对物种的种群进行重点保护，还要保护好它们的栖息地，并使城市中具有较高生物多样性的公园绿地孤岛，与其他绿地相连形成稳定的城市生态网络。

7.3.2　低碳环保

200 多年来，随着工业化进程的深入，大量温室气体，主要是二氧化碳的排出，导致全球气温升高、气候变化，已是不争的事实。社会发展将人类推进到了从工业文明时代向生态文明时代转折的时期。低碳是城市发展的必然趋势，也是目前全世界所有城市面临的挑战。中国作为世界上最大的发展中国家，虽仍面临工业化和生态化的双重任务，但未雨绸缪，大力倡导和推动低碳经济发展，建设环境友好型社会，已经成为中国发展战略的重要组成部分。

碳汇是指陆地生态系统吸收并储存二氧化碳的总量和能力，主要是依靠植物吸收大气中的二氧化碳，并将其固定在植被或土壤中，从而减少碳元素在大气中浓度的能力。目前，世界公认绿化是温室气体间接减排的基本手段，因此，各国、各城市都把保护绿地、增加绿化来加强碳汇放到了重要的战略地位。据测算，每公顷阔叶林每年大约吸收 360t 碳当量、每公顷针叶林每年大约吸收 930kg 碳当量、每公顷草坪每年大约吸收 870kg 碳当量，林木每生长 $1m^3$，平均吸收 1.83t 二氧化碳[8]。

目前，中国风景园林学科正面对十分严峻的现实，即本应“低碳化”的风景园林行业日益出现“高碳化”趋势，如大量使用硬质铺装，需“精致”维护的绿地遍布城市，频繁更新缩短园林景观平均使用寿命等。在此背景下，城市公园绿地有机更新生态性发展必须遵循低碳环保原则，创造有助于减缓气候恶化的城市公园绿地景观，从而帮助实现低碳环保城市。

7.3.3　节约高效

2007 年，时任建设部副部长仇保兴在全国节约型城市园林绿化经验交流会上指出，要坚决贯彻落实国务院“节能减排”工作任务，充分认识建设“节约型城市园林绿化”的重要意义。“节约型城市园林绿化”是建设节约型社会的重要内容。建设节约型社会就是要坚持把节约放在首位的方针，以节能、节水、节财、节地、资源综合利用和发展循环经济为特点。城市园林绿化是城市最重要基础设施之一，也是唯一的具有生命力的基础设施，建设“节约型城市园林绿化”是城市建设中落实科学发展观是否成功的一个重要标志。城市园林绿化是关系一个城市的未来发展前景和长久生命力、吸引力的最重要的城市基础设施。建设节约型城市园林绿化是落实“节能减排”战略国策的主要抓手。城市园林绿化最大的生态功效就是吸收各类污染物、减缓城市热岛效应、降尘减噪、净化空气、涵养水源、保持水土等。建设“节约型城市园林绿化”是落实节能减排工作的关键[9]。

城市公园绿地有机更新生态性发展应坚持节约高效的原则，不以大为美，不以贵为美，不以多为美，而是尽所能的“节能、节水、节财、节地”，以节约高效为美，为实现节约型社会贡献力量。如美国纽约市高线公园（HighLine Park）更新规划中利用原有场地的废弃钢板，建造的穿行空间（图 7-5）及种植坛边界（图 7-6），朴素大方，细微处体现了设计者节约高效的更新理念。又如在美国奥古斯塔市树木园（Arboretum）中，利用废弃木材建造的休憩凉亭（图 7-7），原料环保、造型质朴。

图 7-5　美国纽约市高线公园内穿行空间

图片来源：自拍于美国纽约市高线公园

图 7-6　美国纽约市高线公园内种植坛

图片来源：自拍于美国纽约市高线公园

图 7-7　美国奥古斯塔市树木园休憩凉亭

图片来源：自拍于美国奥古斯塔市树木园

7.4　城市公园绿地有机更新生态性发展规划方法

7.4.1　留白 + 保护

相传西周初年，周文王就提出如不爱惜自然资源，终有一天将“力尽而敝之”的生态保护思想。美国著名风景园林师盖瑞特·埃克博（Garrett Eckbo）也认为，在设计时应以最小干涉的方法让园林继续发展。中国风景园林专家俞孔坚教授在他提出的景观及城市生态设计基本原理中也曾明确指出，要保护与节约自然资本。

“留白”就是在作品中留下相应的空白。国画中常用一些空白来表现画面中需要的水、云雾、风等景象，这种技法比直接用颜色来渲染表达更含蓄内敛。留白使画面构图协调，减少构图太满给人的压抑感，很自然地引导读者把目光投向主体。城市公园绿地有机更新生态性发展，对拥有珍贵自然资源的场地，应强制性地减少人类活动对自然资源的伤害，采取“留白 + 保护”的科学规划方法，使场地生态资源有“生存”的空间和能力，这既是对场地的尊重，也是为公园绿地未来的发展预留能量。“留白 + 保护”是建立在对基地历史、环境、文化、使用者感受尊重的基础之上的“无为”,比众多盲目的“有为”更加具有合理性和积极意义。“留白 + 保护”的方法是实现城市生物多样性的基本保证。如在美国纽约市中央公园内，规划者用护栏严格划定了一定数量的生态廊道（Wildlife Corridor）（图 7-8）和一定面积的自然资源保护区域（Leave Wildlife alone）（图 7-9），禁止人为的行走和交通对生物的自由生长、繁衍产生负面影响，形成了良好的公园生态系统。

7.4.2 引导 + 恢复

在城市快速发展过程中，自然系统在迅速退化，它的生态服务能力也在迅速减退。如土地原有的对自然过程的调节、净化、生产、生物栖息地以及审美启智等功能均受到严重破坏，但自然有很强的自我恢复能力，城市公园绿地有机更新生态性发展若能对自然资源采取“引导 + 恢复”的方法，尊重自然过程，适当进行人为引导，即可恢复自然的强大生命力。

如北京大学俞孔坚教授主持的“与洪水为友：漂浮花园——浙江黄岩永宁公园”案例，在依赖混凝土做驳岸、作为防洪战略的

图 7-8　美国纽约市中央公园生态廊道

图片来源：自拍于美国纽约市中央公园

图 7-9　美国纽约市中央公园生态资源保护区域

图片来源：自拍于美国纽约市中央公园

背景下，成功采用了对自然资源“引导+恢复”的设计手法，使自然重获生命力。如采用退后防洪堤顶路面，将原来的垂直堤岸护坡改造成种植池，或放缓堤岸护坡，全部恢复土堤，并进行种植的软化江堤更新方式，使高直生硬的防洪堤恢复重建为充满生机的现代生态与文化游憩地，同时满足蓄洪防洪要求。他们还在防洪堤的内侧营建了一块带状的内河湿地，旱季开启公园东端的西江闸，补充来自西江的清水，雨季则关闭西江闸，使内河湿地成为滞洪区，形成一个区域性、生态化的旱涝调节系统[10]（图7-10）。浙江黄岩永宁公园景观更新的核心思想是通过适当的人为引导，恢复场地的自然能量，该更新工程不但解决了防洪问题，同时也是化腐朽为神奇的“低碳设计”。又如美国纽约市高线公园（High Line Park）更新规划对于场地原有植物品种，在特定空间区域，打出“在界定的区域内使其自然生长（Keep it wild，Keep on the path）”的口号，对场地的原生态植物资源科学引导，恢复其自然原貌和生命力，实现场地的生态性发展（图7-11）。

图7-10　浙江黄岩永宁公园鸟瞰图

图片来源:《设计生态学》

图7-11　美国纽约市高线公园植物资源引导和恢复

图片来源：自拍于美国纽约市高线公园

7.4.3 利用 + 做功

长期以来，城市公园绿地的建造、更新及管理多为市政公共投入，耗费大量能源与材料，成为城市公共财政和市政设施的负担，人类维持生存的成本也随之大大提高。城市公园绿地有机更新生态性发展，若能与自然为友，对其采取“利用 + 做功”的方法，既可彰显城市独特景观，又可使城市真正走向节约高效。在土地极其有限、保护与发展压力同样巨大的形势下，利用自然做功，是实现精明增长的有效途径，也是低碳城市的最本质要求。

如法国巴黎市安德烈 · 雪铁龙公园（Parc Andre Citrone）内的一处边坡绿化，设计师巧妙地在台地状的种植槽内密植当地本土植物资源，利用植物良性生长带来的繁茂景观，遮掩原本裸露的土地和粗糙的种植槽设施。设计完全利用了植物的自然生长特征，带来了意想不到的奇妙效果（图 7-12）。又如上海市世博后滩公园，是上海世博园的核心绿地景观之一，占地 18hm^2。场地原为钢铁厂和后滩船舶修理厂所在地。2007 年初，“土人设计”团队以“尊重自然、顺应自然、保护自然”的理念，用当代景观设计手法，在垃

图 7-12 法国巴黎市雪铁龙公园植物边坡

图片来源：自拍于法国巴黎市雪铁龙公园

圾遍地、污染严重的原工业棕地上，建成了具有水体净化、雨洪调蓄、生物生产、生物多样性保护、审美启智等综合生态服务功能的城市公园绿地。后滩公园不但建立了一个可以复制得生态净化水系统模式，同时创立了新的公园管理模式，即建成后不需再花费要大量人力物力去维护，而是让其自我循环净化，让自然做功，这为解决当下中国和世界的环境问题提供了一个成功的样板（图7-13）。再如俞孔坚教授设计的天津桥园是利用自然做功的又一典型案例。场地原本是废弃打靶场，环境污染问题异常严重，垃圾遍地，土壤盐碱度高。设计师首先通过设计深浅不一的洼地地形，将雨水全部收集入内。每个洼地都有不同的标高，有深达1.5m的深水泡，也有浅水泡和季节性水泡，它们形成不同水分和盐碱条件的生境，适宜于不同植物群落的生长。其次，在每个低洼地和水泡四周播撒混合配置的植物种子，应用适者生存的原理，形成适应性植物群落（图7-14）。该案例的成功之处在于它又一次告诉人们，城市公园绿地有机更新的生态性发展有时并不需要所谓“高科技”手段和高投入的精致管理，只需要人们以自然为友，适当利用自然，自然便可以自己做功，为人们提供无尽的生态系统服务[11]。

图7-13　上海市后滩公园

图片来源：自拍于上海市后滩公园

图 7-14 天津市桥园

图片来源:《设计生态学》

7.5 迁西县西山公园有机更新生态性发展案例分析

7.5.1 迁西县自然生态概况

迁西县位于河北省东部，唐山市北部。该县属燕山地区的山间盆地，地貌为典型低山丘陵区，地势四周高中间低，境内山地起伏，沟谷纵横，北、西、南三面靠山，东临滦河。气候类型属暖温带大陆性季风气候，四季分明。年平均气温 10.3℃，全年无霜期 183d，年平均降雨量 778mm。迁西境内的地表水资源丰富，主要有滦河、长河、清河等 6 条河流，还有水库约 90 座。

7.5.2 项目背景

1. 区位

迁西县西山公园位于县城西面，临西环地带，交通便利，东临西环路，北到新立庄，南至城西裕，东北部已建大片居民区和村庄，总规划面积约为 75hm^2（图 7-15）。

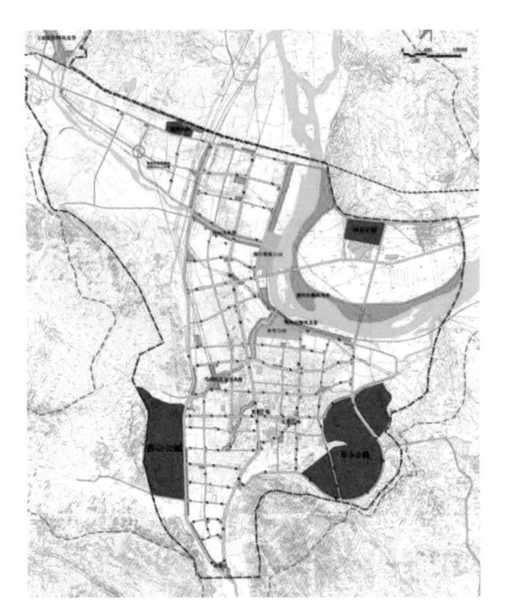

图 7-15　迁西县西山公园区位图

资料来源：迁西县西山公园景观更新规划文本

南京林业大学风景园林学院

2. 原有景观状况

（1）优势

1）区位优势：基地东北部与交通干道相邻，公园大门紧邻环城西路，交通便利。

2）自然资源优势：基地地形变化丰富，围山转的地貌特色尤为明显；植被资源丰富，既有迁西特色物种：板栗、安梨、核桃、桃树、苹果、栗蘑，也有茂密的油松林。

3）前期规划优势：公园规划已初步形成，园内有简易的亭、廊游憩设施和园路，更新规划具备基础条件。

（2）劣势

1）基地原有整体植被景观情况较差，尤其是南部植被景观，品种单一、缺乏低层地被植物，未形成稳定有效的植被群落。某些地区土地裸露、荒草丛生，生态环境较差，丧失了优美的丘陵风貌特色。

2）公园入口景观风貌差，大门和亭廊等建筑小品风格不协调，缺少停车场和入口公建服务设施。

3）公园周边环境脏乱，建筑垃圾任意堆放。

4）公园建设已初具规模，但无完善的道路体系，山势陡峭之地，游人难以到达。公园配套设施不完全，可游空间少。

7.5.3 迁西县西山公园有机更新生态性发展研究

1. 更新定位

“自然生态景，山滦迁西情”——充分利用西山现有的自然条件，发挥资源及景观优势，对公园进行景观生态恢复，将其建设成为环境优美、生态和谐的城市综合公园，集中展示迁西的自然生态风貌。

2. 更新目标

全面保护和培育西山公园的自然要素和生态环境，以原有林地、坡地为造景基础，以乔木、灌木等自然植被为造景主体，人文景观少而精，游览设施巧而隐，体现地方特色即可。以“生态”、“自然”为愿景，保持良好的自然风貌和浓郁的大自然气息，为迁西市民提供一个返朴归真、回归自然的好去处。

3. 更新结构

迁西县西山公园更新规划结构为：“一带、两片、四区、十二景”。“一带”指沿西山东部道路规划的休闲绿地景观带。“两片”指公园内部两个以自然生态营造为主的景观片区，分别是动植物展示园区和自然生态观赏区。内部除必要的基础游览设施建设外，基本以植被生态恢复为主要目标。“四区”指全园划分为：主入口景观区、沿街休闲活动区、动植物展示园区、自然生态观赏区。“十二景”指在公园的四个功能分区内布置的12处节点景观（图7-16）。

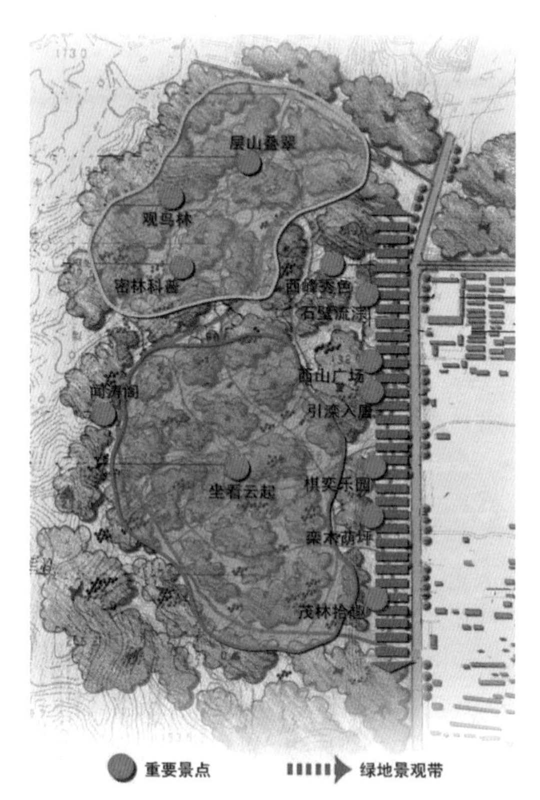

图7-16　迁西县西山公园景观结构更新图

资料来源：迁西县西山公园景观更新规划文本

南京林业大学风景园林学院

4. 功能分区更新

（1）入口景观区

入口景观区是迁西县西山公园的主入口区，是公园的第一形象。该区原有建筑较多，更新规划在保留原有建筑基础上，利用广场、假山、水景、雕塑等元素造景，凸显迁西人民的精神文明风貌（图 7-17）。

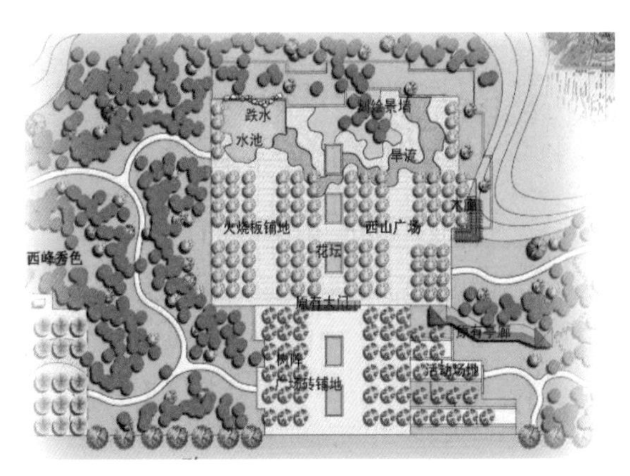

图 7-17 迁西县西山公园入口景观更新图

资料来源：迁西县西山公园景观更新规划文本

南京林业大学风景园林学院

1）功能定位：入口交通疏散场地，具备一定的观景休憩设施。

2）植物种类：板栗（*Castanea mollissima*）、侧柏（*Platycladus orientalis*）、云杉（*Picea asperata*）、臭椿（*Ailanthus altissima*）、银杏（*Ginkgo biloba*）、山楂（*Crataegus pinnatifida*）、紫叶李（*Prunus cerasifera f. atropurea*）、白蜡（*Fraxinus chinensis*）、榆叶梅（Amygdalus triloba）、木槿（*Hibiscus syriacus*）、紫荆（*Cercis chinensis*）、贴梗海棠（Chaenomeles speciosa）、红瑞木（*Cornus allba*）。

3）植物景观：树阵、密植景观林、疏林草坪。

4）硬质景观：文化矮墙、木廊、水池、黄石、花坛、旱溪。

5）景观节点：西山广场、石壁流淙、西峰秀色。

（2）沿街休闲活动区

迁西县西山公园更新规划沿外围道路形成 4 个集中的街头休

闲绿地，为城市居民提供短暂休憩活动的场地。绿地景观主题明确，功能定位清晰（图 7-18）。

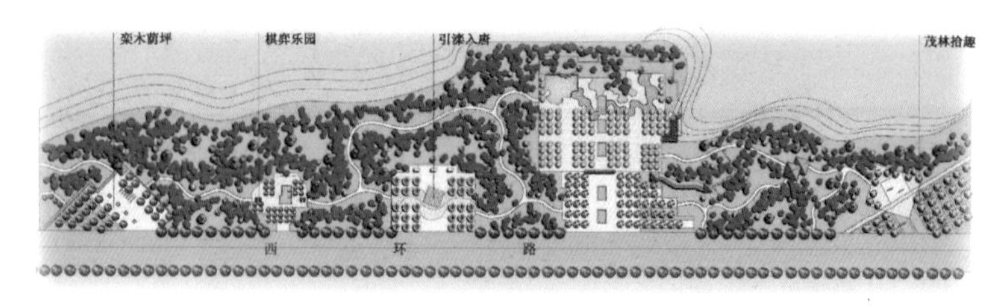

图 7-18　迁西县西山公园沿街休闲活动区景观更新图

资料来源：迁西县西山公园景观更新规划文本
南京林业大学风景园林学院

1）功能定位：市民活动及聚会场地。

2）植物种类：银杏（*Ginkgo biloba*）、板栗（*Castanea mollissima*）、油松（*Pinus tabulaeformis*）、云杉（*Picea asperata*）、紫叶李（*Prunus cerasifera f. atropurea*）、榆叶梅（*Amygdalus triloba*）、贴梗海棠（*Chaenomeles speciosa*）、龙爪槐（*Sophora japonica var. pendula.*）、馒头柳（*Salix matsudana 'Umbraculifer'*）、朴树（*Celtis tetrandra*）、栾树（*Koelreuteria paniculata*）、刺槐（*Robinia pseusoacacia*）、侧柏（*Platycladus orientalis*）、圆柏（*Sabina chinensis*）、毛白杨（*Populus tomentosa*）、黄栌（*Cotinus coggygria*）。

3）植物景观：树阵、密植景观林、疏林草坪。

4）硬质景观：刻绘景墙、序列景观柱、下沉广场、钢构架小品。

5）景观节点：引滦入唐、棋奕乐园、栾木荫坪、茂林拾趣。

（3）动植物展示园区

迁西县西山公园更新规划利用多样的地形，进行植物景观营造，规划不同种类的植物主题展示园，包括野生花卉观赏园、植物引种驯化园、果蔬采摘等，吸引鸟禽类动物的栖息，形成良好自然生态景观，同时增加游览场地及设施，对青少年进行生物科学知识普及。

1）层山叠翠：该节点以迁西当地的山体特色“围山转”为主景，在“围山转”上种植乡土植物，如安梨、核桃等，形成层层叠翠的植物景观，纪念提出“围山转”治山理念的林业工作者。

2）密林科普：在山体平缓地带，设置科普活动的场地。用标识牌标注植物的名称、种类及果实图片，便于游人学习植物知识，也便于儿童识别和临摹绘画。

3）野生花卉观赏园：规划一定的范围，大量引入迁西本地的野生花卉，形成规模式种植，并用标识牌介绍说明，使游人更好地了解家乡本土植物品种，增进乡土依恋之情。

4）植物引种驯化园：选择小气候条件较好的山谷地，引进有可能在迁西县存活的优良观赏树种和花卉，进行小范围的引种驯化实验，成功后即向全县及周边县市推广。建立小型温室培育少量不常见的南方植物品种，形成精致小巧的精品植物园。

5）果树采摘园：在现有果树板栗（*Castanea mollissima*）基础上，大量增加果树的数量和品种，如柿子、安梨、山楂等，形成各具特色的多个小型果园，让游人在此体会采摘乐趣。建设自然风情小木屋，为游人提供观果、尝果的场所。

（4）自然生态观赏区

自然生态观赏区位于场地南部，更新规划大力进行自然生态景观恢复，最大限度的利用现有自然条件，科学配置树种，构建结构稳定的森林生态植物群落。山体形成良好自然生态风貌后，设置山地运动训练营、烧烤园等活动场地，并在制高点建设闻涛阁，便于游人观赏山体自然景观的全貌。

1）坐看云起：该节点采用疏林草地形式，在开阔的草坪上点缀高大浓荫树种，游人可在绿草茵茵的场地上进行沐浴阳光、野外聚餐等各类休闲活动。

2）闻涛阁：西山山体广植针叶树种，如油松（*Pinus tabulaeformis*）、侧柏（*Platycladus orientalis*）、圆柏（*Sabina chinensis*）、云杉（*Picea asperata*）等，在山体制高点设置造型质朴大方的二层古建筑——闻涛阁。闻涛阁在松林中若隐若现，游人踏山而至，既可供其休憩品茶，也可登阁远眺迁西全景。

3）森林浴场：山体植被恢复后，产生清新空气和大量负离子。游人在少量设施的天然密林里漫步、停留，如同在大自然的怀抱里沐浴，身心放松。

5. 自然生态景观更新

（1）规划策略

1）生态平衡，统筹规划

生态恢复规划不仅要达到单个生态系统的最佳状态，还要实现大生态系统的和谐运作。迁西县西山公园自然生态更新规划既考虑自身的生态恢复，也考虑对城西整体区域及整个县城的生态影响，内外平衡，使生态效益最大化。

2）立足地域生态系统多样性，提升景观品质

保护地域生物多样性，既利于维护生态系统的稳定性，也对丰富景观层次、形成地域特色有积极作用。迁西县西山公园拥有层次丰富、种类繁多的植被资源，它可为多种动物提供食物和栖息环境。迁西县西山公园充分考虑物种的生态特征，合理选配植物种类，避免种间的直接竞争。

（2）规划措施

1）保护利用乡土植物群落：建群种以乡土树种为主，适当保留纯乡土植物群落。园区内所有的生态林带，如原生油松林及果树林等，应纳入严格的保护控制中，严禁在生态林带内毁林开荒

和乱砍乱伐，维持现有的自我演替平衡状态。同时，加强林木生活状态的检测，积极防范森林火灾和病虫害的发生。

2）推进生物多样性建设：适当引入适应当地气候及土壤条件的外来树种，以丰富群落结构，使人们能欣赏到自然生态之美。随着生态植物群落的形成，众多野生动物和昆虫得以栖居、繁衍，保证了场地生态系统进程的整体性。

3）水土保持规划：园区面临的问题是生长果林和油松林的表层土壤贫瘠，岩石裸露，不利于水土保持，有碍观瞻。更新规划在保持原有生态平衡的前提下，选择先锋树种，如火炬树（*Rhus typhina*）、侧柏（*Platycladus orientalis*）等，荒山造林。在林下增加乡土小灌木和地被植物的种类及数量，构成复层结构的植物群落，形成稳定的生态系统。

4）交通系统生态设计：迁西县西山公园道路分三级，除公园一级道路采用沥青、青石板外，二级、三级路面多采用生态铺路材料。建设绿色步行道及登山道，沿路种植郁闭度高、有吸烟滞尘等生态作用的树种。

（3）自然生态观赏区规划

1）荒山地种植规划：保留并保护该区原有的油松林，以常绿针叶林为基调树种，加植荒山造林先锋树种、抗瘠薄树种和落叶阔叶树种，以增加山林绿化面积，丰富植物群落。种植灌木及地被，保持水土。点植少量的色叶、观花树种，增加植物多样性和景观多样性。

2）原有劣质林更新培育计划：保留有价值的适生树种和有点缀功能的花灌木及藤本植物，形成一定的天然原始林风貌。长势不好的植物砍伐后及时补种部分乡土树种及观赏树种。定向培育一定数量的大径级、大规格的观赏树木，使其逐渐形成古树名木的感官效果，彰显森林的天然原始性和悠久历史性。操作时序上应区别类型，分期分批更新，注重实效。

（4）动植物展示园区生态规划

1）荒山地种植规划：成片种植乔木骨干树种，并采用灌木进行下层补植，形成以某种或者数种植物为主题的植物展示园。同时充分进行多样化的乡土灌木及地被植物栽植，形成乔、灌、草结合的多层次立体植物景观，体现乡土植被特色风貌。

2）原有植被区域种植规划：在原有的大片板栗林基础上，间隔种植园区的特色果树，以经济果林栽培为主，同时注重丰富植被景观层次。

迁西县西山公园更新的最显著特征，表现在充分保护、利用和培育了西山现有的自然要素和生态环境，人文景观和游览设施少而精、巧而隐，使西山公园真正成为生态恢复良好、环境优美和谐的城市综合公园。这些成功做法和经验，为中国城市公园绿地有机更新生态性发展提供了较好的示范。

7.6 本章小结

本章围绕城市公园绿地有机更新生态性发展目标，展开论述。首先，对中国城市公园绿地更新中的人工设计与生态恢复两者产生的矛盾进行剖析，分类说明只注重人工设计而忽视生态恢复所引起的更新误区，如植物搬家、水质污染、驳岸硬质化等，提出应以生态恢复为前提进行城市公园绿地有机更新的生态性发展建设。

第二，介绍支撑城市公园绿地有机更新生态性发展的基础理论，即设计结合自然理论、生态设计理论、生态恢复设计理论及绿色基础设施理论等。阐述城市公园绿地有机更新生态性发展应遵循的原则，即提高生物多样性原则、低碳环保原则、节约高效原则。

第三，总结城市公园绿地有机更新生态性发展的3种规划方法，对拥有不可再生的珍贵自然资源的场地，应留白+保护；对生态环境遭遇人为破坏的场地，应引导+恢复；对具有强大生命力的生态资源的场地，应利用+做功。通过上述3种不同的规划方法，实现城市公园绿地有机更新的生态性发展。

最后，以迁西县西山公园有机更新为例，分析其更新定位、更新目标、更新结构、景观分区更新、自然生态景观更新中所体现的诸多细节，总结该案例生态性发展方面的成功经验，佐证城市公园绿地有机更新生态性发展目标的理论与实践价值。

参考文献

[1] [美]威廉·S·桑德斯 主编.设计生态学——俞孔坚的景观[M].北京：中国建筑工业出版社，2013.

[2] 仇保兴.科学谋划 开拓创新 全面加强城市湿地资源保护[J].中国园林，2012，(12)：5-8.

[3] 仇保兴.我国低碳生态城市建设的形势与任务[J].城市规划，2012，36(12)：9-13.

[4] 陈波，包志毅.生态恢复设计在城市景观规划中的应用[J].中国园林，2003，(7)：44-46.

[5] Benedict M A, McMahon E T. Green Infrastructure: Smart Conservation for the 21stCentury [M]. Washington DC: Sprawl Watch Clearinghouse, Monograph Series, 2000.

[6] 裴丹.绿色基础设施构建方法研究述评[J].城市规划，2012，36(5)：84-90.

[7] 蒋志刚，马克平.韩兴国 主编.保护生物学[M].杭州：浙江科

学技术出版社，1997.

[8] 王贞，万敏．低碳风景园林营造的功能特点及要则探讨[J]. 中国园林，2010，(6)：35-38

[9] 仇保兴．推广节约型园林绿化促进城市节能减排[J]. 建筑装饰材料世界，2007，(11)：10-14.

[10] 俞孔坚，刘玉杰，刘东云．河流再生设计——浙江黄岩永宁公园生态设计[J]. 中国园林，2005，(5)：1-7.

[11] 俞孔坚，石春，林里．天津桥园：生态系统服务导向的城市废弃地修复[J]. 现代城市研究，2009，(7)：18-22.

第8章 城市公园绿地有机更新双赢性发展研究

我们需要将与自然力量的互动方式，由自杀式的漠视，转变为尊重与合作。

——威廉·S·桑德斯[1]

8.1 城市公园绿地有机更新双赢性发展背景与意义

8.1.1 人的需求与保护自然矛盾表现

努力实现人与自然的双赢，是城市公园绿地有机更新的根本追求。城市公园绿地是现代城市发展中不可或缺的空间场地，是城市中自然因素最为密集，自然过程最为丰富的地域，同时这里也是人类活动与自然过程共同作用最为强烈的地带之一。城市公园绿地的更新常常面对的是如何处理好人的需求与保护自然的矛盾。这里，人的需求要尊重，自然的需求同样要尊重。人与自然的互动，应该是建立在互相尊重和合作的基础之上。某种意义上，就像一对恋人，要互相关心，共同付出，才能相濡以沫，比翼双飞。而当今在中国许多城市公园绿地更新中，往往只考虑满足人的需求，甚至过分强调人的需求，忽视以至无视对自然的保护，或对自然资源过度使用，或对自然资源任意伤害，导致城市公园绿地出现“竭泽而渔”的窘境。这方面的偏向主要有以下表现：

1. 管理欠当导致绿地负荷超载

城市公园绿地在西方被作为公众基本福利，实行免费开放。

进入新世纪以来，中国各大城市公园绿地也兴起了一股免费开放热潮，其公益性和开放性得到加强，这本是给市民带来方便的好事，但往往又由于缺乏科学管控，对城市公园绿地带来极大威胁。

免费开放之前，收费限制了使用人群数量，园内活动空间和配套设施基本满足市民的需求。但免费开放后，大量人群涌入园区，游人量剧增，特别是节假日园内人满为患，加之园方管理欠当，使得公园绿地超负荷运转，内部垃圾成堆，园内喷灌设备、标识牌等被人为破坏，园内摆放的盆花、栽种的植物被偷盗，甚至有游客把树木当作运动器械等不良现象司空见惯，尤其是园内草坪，由于高密度人群的重度踩踏，出现了严重的斑秃。

2. 公园创收导致绿地功能萎缩

社会市场经济条件下，为了保证城市公园绿地创收，增加经济效益，传统模式的城市公园绿地不可避免地卷入到商业性经营中，如公园绿地内盲目兴建儿童游乐场（图 8-1）、商家进入公园黄金地段、绿地割舍为停车场等。这些商业性需求占据了公园绿地的很多场地，绿地面积逐年减少，绿地功能随之萎缩。加之公园绿地的管理者对承租商疏于管理，乱搭建、设施欠维护、服务不规范等行为破坏了公园绿地原有的整体景观风貌，许多原来幽静的风景优美的公园绿地正在消失。

3. 房产乱建导致绿地品位下降

近年来，不少城市公园绿地周边大量兴建高层建筑，虽满足了少数人拥有景观房的心理，却妨碍了广大游园群众远眺风景、畅怀心胸的赏景需求，导致城市公园绿地的开敞性景观特征被破坏，观赏品位下降。如南京市莫愁湖公园，房地产开发已让原先一面幽静的湖水成为了“私人池塘”，原先生态良好、水草丰美的莫愁湖，成为高楼大厦包围中的“洗脚盆”。莫愁湖作为南京市民共有的景观和生态调节区，应该无条件的尊重与保护，但现今却被湖景豪宅锁住了风景（图 8-2）。这些商业利益驱使下的行为，对城市公园绿地空间造成极大威胁。

图 8-1　南京市情侣园内儿童游乐场

图片来源：自拍于南京市情侣园

图 8-2　高档居住区包围下的南京市莫愁湖公园

图片来源：自拍于南京市莫愁湖公园

8.1.2　城市公园绿地有机更新双赢性发展意义

正确处理人的需求和保护自然的关系，在“尊重自然、顺应自然、保护自然”的前提下满足人的需求，实现城市公园绿地有机更新中人与自然的双赢性发展，有着十分迫切而重要的意义。

首先，这是践行人与自然互惠互利内在规律的客观需要。究其本质，人类是自然的一个组成部分，自然是人类生存的摇篮，保护自然就是保护人类赖以生存的家园。但随着19世纪工业革命带来的科学知识和技术的迅猛发展，疾病可以被药物控制，距离可以被新型交通工具缩短，农业也由于农药和化肥的使用而成倍地增收等。在此情况下，人类开始幻想用人类的设计来支配自然，用人类的力量来征服自然，用人类过度的需求来掠夺自然。然而这些之后，大自然就开始了它的报复：有益的物种逐渐灭绝，水变得不可饮用，污染导致疾病的产生，最终全球气候变化的风暴剧烈上演。人类试图把其需求和意愿强加给自然，而自然则用风暴、洪水、泥石流、干旱和贫瘠的土地来报复人类。城市公园绿地更新建设中的成败得失，也无不证明了这一人与自然的内在规律——无视、掠夺、伤害自然，只能导致“自然报复”，人与自然两败；尊重、顺应、保护自然，才能获得“自然回报”，人与自然双赢。

同时，这也是当今中国城市公园绿地更新建设中贯彻落实科学发展观的迫切需要。由于不能正确处理人的需求和保护自然的关系，目前许多城市公园绿地负荷超载、功能萎缩、品位下降的严峻现实不容忽视，更不能回避，必须以科学发展观为指导，按人与自然双赢的原则来纠正和规范。一方面，人对绿地的需求要控制，只能适度开发、适度获取，不能贪得无厌，强行掠取，使珍贵的绿地资源得以保护和发展。另一方面，充分认识和协调人的主体性，注重把人文关怀的宗旨有机融入城市公园绿地的更新和管理中，使人的合理需求得到合理满足，实现人与自然的共生共荣，和谐相处。唯有此，才是城市公园绿地更新决策者、设计者、管理者包括使用者的正确态度，也才能使城市公园绿地的有机更新真正落到实处，实现科学发展、健康发展。

8.2　城市公园绿地有机更新双赢性发展理论依据

8.2.1　遵循自然、和谐相处

20世纪60年代以来，随着生态环境恶化，以自然为创作对象的风景园林师受到了更多的挑战。美国景观设计师约翰·O·西蒙兹（John Ormsbee Simonds）在《大地景观》一书中强调“景观规划必须与自然因素相和谐”。他所提出的“设计遵循自然”理论包含两方面含义：一是从科学的角度，他发展了麦克哈格的理论，综合生态学在内的多种自然学科，提出尊重自然规律，防止生态环境破坏，提倡科学利用与保护土地的方法；二是从艺术的角度，他从东方文明对自然的态度中汲取经验与知识，把自然看作风景园林艺术美的源泉。

西蒙兹“设计遵循自然”法则的独到之处在于把科学性与艺术性完美地结合起来，并进而提高到通过改善环境达到改善生活方式，直至人与自然统一的高度。他认为，通过规划改善环境的真正含义“不应该仅仅指纠正由于技术与城市的发展带来的污染及其灾害，它应该是一个创造的过程，通过这个过程，人与自然和谐地不断演进。在它的最高层次，文明化的生活是一种探索的形式，它帮助人重新发现与自然的统一。”

8.2.2　天人合一、人与天调

“天人合一、人与天调”是中国古代人地关系及风水理论的根本观点，中国古代就有人类活动应遵循自然生态内在规律的著述。如《淮南子·齐俗训》曰：“水处者渔，山处者木，谷处者牧，陆处者农。地宜其事，事宜其械，械宜其用，用宜其人”，是指农事活动应因地制宜，因时制宜。又如《二十四史·汉书》曰：“长民者不崇薮，不堕山，不防川，不窦泽”，则指不填埋沼泽，不毁坏山林，不阻断河流，不决开湖泊。以上著述均说明古人崇尚自然，力图与自然生态系统建立起合理的结构，人与自然互惠互利。

对中国思想家来说，自然是一个有机的整体，万物彼此相生相依。“天人合一、人与天调”作为一种生态思维方式和理想，指导着中国古代建筑、园林的规划设计构思。从园林角度来看，即崇尚自然观念，既模仿自然山水之美，又创造诗情画意之境，形成了中国传统经典的自然山水园。“天人合一、人与天调”的规划设计理念将人的情感融汇于自然，强调人在自然环境中，体现了设计的精髓。

8.3 城市公园绿地有机更新双赢性发展原则

8.3.1 尊重自然、顺应自然、保护自然

党的十八大后，党章要求各行业树立“尊重自然、顺应自然、保护自然”的生态文明理念。作为风景园林人，在城市公园绿地有机更新双赢性发展的建设中，应坚持不以牺牲自然为代价，而以“尊重自然、顺应自然、保护自然”为前提，严格规范实践中的各项操作。

8.3.2 科学与人性的高度结合

风景园林学科应是科学和人性的高度结合，应是最具哲学高度、最具科学精神、最合人类良心的学科。城市公园绿地更新中的那些只求显摆自己、玩弄所谓“创意”，既漠视自然需求又藐视大众需求，通过浪费大量资源来篡取个人私利的做法是必须摒弃的。

8.4 城市公园绿地有机更新双赢性发展规划方法

8.4.1 限制性开发

1981年5月国际古迹遗址理事会与国际风景园林师联合会共同设立的国际历史园林委员会在意大利的佛罗伦萨召开会议，起草了《佛罗伦萨宪章》，对历史园林的保护提出一些具体的特定的行动措施。第十八条为："虽然任何历史园林都是为观光或散步而设计的，但是其接待量必须限制在其容量所能承受的范围内，以便其自然构造物和文化信息得以保存"。人类的游憩行为模式多种多样，但是，除了一些目的性极强的植树造林、自然科普教育活动外，绝大多数行为都会对自然环境中的生态资源带来不同程度的负面影响。从另一个角度讲，除了那些自发性的生态退化以外，相当程度的生态资源破坏都来自于人类活动。如果能够有针对性地进行限制性开发，减少人类行为对自然的破坏，将会对自然生态资源的保护起到良好的促进作用[2]。城市公园绿地的限制性开发是当代中国城市公园绿地有机更新双赢性发展的重要举措。

中国城市公园绿地开放式管理尚处于起步阶段，存在众多实际问题，应向先进发达国家借鉴其多年的成功经验，积极探索和发展这种新的经营管理模式。如美国政府一直将保持自然原貌，维护原始景观作为城市公园绿地管理的首要目的，对公园绿地的承载力，即公园客流量对公园景观的原始品质产生影响的临界值，进行测算，当游客人数临近这一指标时，采取措施积极分流、限制超员，保护城市公园绿地环境。又如新加坡是一个平坦的小岛，地形没有变化，因此新加坡岛中央的一片高自然度的地区就显得特别珍贵。新加坡政府在进行国土规划时，把这一个高自然度的地区划设为永久保护区，从此，不会有人对这个地区动任何脑筋。布基山公园是新加坡国土中面积最大的一片森林地，它提供给高度城市化的新加坡人一个接近大自然的去处。在地狭人稠的小岛上，这一片限制性开发的森林公园，提供给野生动物和植物一个最后的栖息空间，对新加坡的整体生态体系有深远影响。这片森林同时也是新加坡岛的水源保护区，为了保存这块城市中心的自然地区，在面积只有 750km^2 的国土中，保留 150km^2 的永久保护地段，这 1/5 的国土完全不打折，绝对没有住宅区、采矿、水力发电等，只是纯粹的大自然。

8.4.2 科学管控

风景园林师在对城市公园绿地进行更新规划的时候，必然会遇到两个看似矛盾的问题：如何更新场地自然环境，使其更好地为市民提供丰富的游憩活动场所？如何保护珍贵的自然资源，使其更好地为城市提供优良的自然生态环境？如果综合来看，这其中涉及对不同空间中不同人类游憩行为的管理问题[3]。

科学管控是当代中国城市公园绿地有机更新双赢性发展的又一重要举措。科学管控包括严格控制公园绿地最大的游人数量、规划具有不同承载力和自我约束力的景观空间、制定科学的管理机制、成立相应的监督机构等内容，它是以长期且动态的眼光面对城市公园绿地更新中不断涌现的新生问题，高效回应，控制调整。

如研究美国纽约市中央公园近百年的发展历史，发现“科学管控”是使其焕发长久生命力的奥秘所在。中央公园每年接待的游客多达 2500 万人，同时其副效应也对脆弱的生态环境造成威胁和破坏。纽约市政府规定公园的首要任务是保护，公园管理者为保护这个自然生物的栖息地做出了卓越的努力。首先，纽约中央公园管理委员会（Central Park Conservancy）在成立之初就实施了 5000 万美元的复兴计划，对重要的景观节点进行改造恢复，清除涂鸦，加强巡逻，部署骑警，有效打击和遏止犯罪，使公园重新焕发了活力；其次，中央公园内有大面积的草坪，但管理者既考虑到人们对于场地空间的渴望，也考虑到草坪生态的保护，每日对园内不同位置的草坪进行限时开放，实现了人与自然的双赢式发展（图 8-3）。纽约中央公园一个完全的人造自然景观，通过管理者长期的科学管控，既成为了人类的乐园，也成为了野生动植物赖以生存的自然栖息地。又如澳大利亚通过制定健全的法律法规，规范和监督开放式公园绿地中人的行为，人们在公园绿地内不可乱扔垃圾、不可吸烟，否则将处以 200 澳元的罚款。城市公园绿地主管部门还通过教育和示范工作，向人们宣传“除了脚印什么都不要留下，除了杂物什么都不要带走”的文明游览理念。再如

图 8-3　美国纽约市中央公园草坪限时开放

图片来源：自拍于美国纽约市中央公园

新加坡城市公园绿地要求人们不带宠物、收音机、自行车入园，以保证公园绿地内的安静与安全，还专门成立跨部门的“花园城市行动委员会”，在拟定政策、综合协调城市园林绿化建设及管理方面发挥重要的作用。

8.5 青岛贮水山城市绿谷有机更新双赢性发展案例分析

8.5.1 项目背景

1. 区位

青岛贮水山城市绿谷位于青岛市市北区。市北区是青岛市老城区，为改善城市面貌，1992 年被国务院批准建立“科技一条街”，总体规划分为科技孵化、科技中介服务、科技产品会展和后勤服务四大功能区。规划强调结合贮水山的自然环境，在科技街周边地带建设商务中心、银行、酒吧、餐饮、娱乐、购物以及高中档宾馆或科技公寓等生活、休闲和游览设施。城市绿谷紧邻后勤服务区，总占地面积 22hm^2，周边交通便利，居民密集。东起登州路，南至贮水山路，与青岛市少年宫和市北区康乐宫相邻，西临辽宁路（城市交通干道），与全国闻名的科技产业开发基地遥相呼应。

2. 地形地貌

青岛贮水山城市绿谷内地形地貌起伏不大，坡度相对缓和，全园最高点海拔 90m，西、北部较平缓，东、南部为山陵地段；园内土壤条件较差，土层较浅薄，间杂大量石块；园内现有植被以松柏类、刺槐为主，构成园内的绿色骨架。

8.5.2 青岛贮水山城市绿谷原有景观状况分析

1. 景观质量较差

青岛贮水山公园原有整体景观质量较差，未能跟上青岛作为国际化大都市的建设进程。园内主要山体植被资源品种少，分布数量差异大，群落层次简单（图 8-4）。人工景观及配套设施落后，特色不明显，难于满足现代新型社会大众生活及审美需求（图 8-5）。

图 8-4　山体植被资源杂乱

图片来源：自拍于青岛贮水山城市绿谷

图 8-5　园内人工景观老旧

图片来源：自拍于青岛贮水山城市绿谷

2. 功能超负荷开发

随着时代变迁，原本的青岛贮水山公园在承担了繁重的附加功能后，似乎已无可游之处。公园文化价值淹没的同时，新的游览形式、游览内容未充分挖掘。超负荷的开发导致游览内容与形式的双重缺失，公园绿地发展处于尴尬境地。

3. 园区管理水平落后

青岛贮水山公园长期处于半开放式管理，入驻单位多达 11 家，群众自发兴建的活动平台破坏了公园的完整性，使得原本丰富的自然景观变得支离破碎。隐藏在破碎的景观表象之下的是公共空间与私人空间分治的局面，公园绿地整体结构丧失。

8.5.3 青岛贮水山城市绿谷有机更新双赢性发展研究

1. 更新定位

青岛之绿谷——体现科技和时代特征，实现保护场地自然、人文资源和满足科技街工作人员及周边居民室外休闲活动双重目标的综合性城市开放空间，体现人与自然的双赢性发展（图 8-6）。

2. 更新理念

（1）人与自然双赢

为了强调人与自然和谐发展，突出绿谷生态内涵，规划通过植物配置、竖向设计、水体设计等一系列手法，建立人与自然交流、共生的关系，形成集生态恢复、休闲娱乐、观赏功能为一体的景观体系。规划严格保护现有山体和植被资源，引进优良植物品种，建立多层次植物群落。建立生态科普园，体现人与动植物的交流，营造一个动态开放，具一定区域特征及自我调节功能的生态系统。

（2）延续场所文脉

尊重历史文脉，以科技为线索，体现人与历史、历史与现代的交流。绿谷规划时一方面对历史上有重要意义的古迹、建筑、

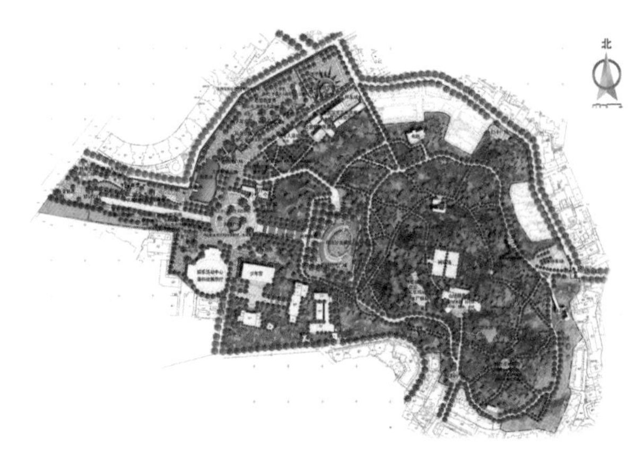

图 8-6 青岛贮水山城市绿谷景观更新规划总平面图

资料来源：青岛贮水山城市绿谷更新规划文本

南京林业大学风景园林学院

民俗文化等进行保护及恢复。另一方面，通过历史的年轮，展示科技发展，让市民感受科技发展的坎坷历程。

（3）激扬城市活力

城市活动多元化是城市发展的必然趋势，将公众活动的多样性与城市空间结合，为周边科技工作人员及居民提供室外休闲活动场所。规划建立各种极限运动场所，让年轻人感受挑战带来的刺激。以科技为主题建立儿童活动区，增添儿童参与的带启发性的游乐设施，使他们通过游乐探索去发现新空间。

（4）整合城市空间

随着青岛城市化水平不断提高，市内公园绿地发展水平不平衡。绿谷所处的市北区基础设施落后，环境景观差。通过规划发挥绿谷最大的社会、经济、环境效益，带动周边环境改造，提升老城区环境档次。

3. 景观特征分类

青岛贮水山城市绿谷更新规划秉承“人与自然双赢”的原则，

既严格保护原始状态的自然资源，减少人为干预，也充分考虑人的合理需求，布置舒适、便利的活动空间。在绿谷内，科学划分以原始自然状态为主、原始自然状态向城市化过渡、自然景观与城市化景观并存、城市化的山林游憩环境为主、城市化特征明显的多种景观特征空间（表 8-1），不同地段的资源状况与适宜的游憩活动模式具有相应的不同特征，对应采取合理的规划手法，使人与自然协调共生。

青岛贮水山城市绿谷景观特征分类　　表 8-1

分类名称	原始自然状态为主	原始自然状态向城市化过渡	自然景观与城市化景观并存	城市化的山林游憩环境为主	城市化特征明显
景观特征	原始自然状态为主，仅有少部分作为游憩休闲使用。贮水山山体植物生长茂密，空间较为封闭。游客设施仅有垃圾、卫生设施	原始自然状态向城市化过渡，贮水山山体部分区域作为游憩休闲使用。山体植物生长以自然状态为主，空间部分开放状态。游憩设施与自然结合紧密，游客设施有卫生设施、停车场及部分公共服务设施	自然景观与城市化景观并存，游憩休闲能够满足多数人的需求。绿谷部分景观向城市开敞。各种游憩、服务设施在边缘处集中	以城市化的山林游憩环境为主，仅有少部分自然空间穿插其间。植物多为人工栽种，游客设施完善	城市化特征明显，有相当面积的游憩休闲场所供各类人群使用。城市绿谷部分环境人工景观比例高，空间完全开放。游客设施完善

资料来源：青岛贮水山城市绿谷更新规划文本。

南京林业大学风景园林学院。

表格自绘。

4. 景观结构更新

青岛贮水山城市绿谷景观结构更新充分考虑场地内自然资源的保护及人的需求，以“一主两副”三条景观轴线为基本结构，以一条生态景观渗透带为龙脉，依托贮水山的历史和自然条件，凸现贮水山城市绿谷以科技为主题的“一纵一横”、“一古一今”、“一静一动”的基本格局（图 8-7）。

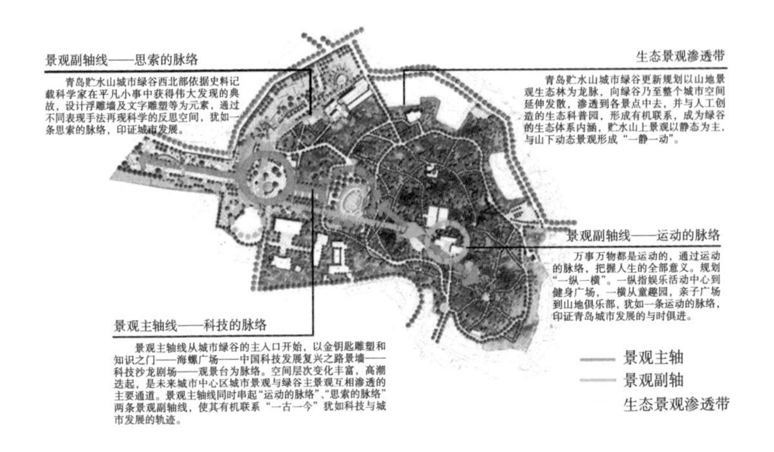

图 8-7 青岛贮水山城市绿谷景观结构图

资料来源：青岛贮水山城市绿谷更新规划文本

南京林业大学风景园林学院

（1）景观主轴线：科技的脉络

青岛贮水山城市绿谷景观主轴线从城市绿谷的主入口开始，以金钥匙雕塑和知识之门——海螺广场——中国科技发展复兴之路景墙——科技沙龙剧场——观景台为脉络。空间层次变化丰富，高潮迭起，是未来城市中心区城市景观与绿谷主景观互相渗透的主要通道。景观主轴线同时串起“运动的脉络”、“思索的脉络”两条景观副轴线，使其有机联系，“一古一今”犹如科技与城市发展的相辅相成，印证青岛城市的发展轨迹。

（2）景观副轴线：运动的脉络

通过运动的脉络，把握人生的全部意义。规划“一纵一横”，一纵指娱乐活动中心到健身广场，一横从童趣园、亲子广场到山地俱乐部，犹如一条运动的脉络，印证青岛城市发展的与时俱进。

（3）景观副轴线：思索的脉络

绿谷西北部依据史料记载科学家在平凡小事中获得伟大发现的典故，设计浮雕墙及文字雕塑等为元素，通过不同表现手法再现科学的反思空间。犹如一条思索的脉络，印证城市发展的过去和对将来的展望。

（4）生态景观渗透带

更新规划以山地景观生态林为龙脉，向绿谷乃至整个城市空间延伸发散，渗透到各景点中去，并与人工创造的生态科普园，形成有机联系，成为绿谷的生态体系内涵。贮水山上景观以静态为主，与山下动态景观形成“一静一动”对比鲜明的格局。

5. 景观管理维护标准

青岛贮水山城市绿谷更新规划为实现“人与自然双赢”的目标，对各场地实行的游憩活动范围、游憩活动形式、管理强度调节手段等内容进行界定，规范人的活动行为，确保城市绿谷多元效益的发挥（表 8-2）。

青岛贮水山城市绿谷更新规划既注重人的游憩活动的开发，又切实加强管理维护，通过其空间布局对游憩行为进行了相当程度的限制，从而在一定的游憩活动类别空间中，能够轻松地对可能开展的游憩活动制定具有针对性的维护标准并实施相应的管理计划。在此基础上开展的城市绿谷景观更新规划，势必更加科学有效。

综上所述，青岛贮水山城市绿谷有机更新能够妥善处理人的需求和保护自然的关系，尤其是加强公园绿地后期的科学管控，对人在各场地游憩的活动范围、活动形式进行精心合理的限制和规范，确保了人与自然双赢的目标得到有效落实。这些先进的理念和做法，对中国城市公园绿地有机更新的双赢性发展起到较好的引领作用。

青岛贮水山城市绿谷景观管理维护标准　　表 8-2

	分类1	分类2	分类3	分类4	分类5
资源状况	自然环境为主	少量人工环境	部分人工环境	少量自然资源	人工环境为主
游憩活动范围	小规模固定位置	中等规模固定位置	中等规模活动	中等规模不限位置	视场地大小而定
游憩活动形式	自然体验为主	以生态参观与运动为主	城市内自然资源的品鉴	一般性的游赏与运动	都市景观观赏与游憩
管理强度调节手段	开放型	有限的开放管理	半开放管理	引导式开放管理	严格管理
对应场地	环山步道、休憩亭、休憩廊	游泳池、山地俱乐部、网球场	书吧、生态知识室外展示园、观赏温室、自然角	健身广场、老年人活动中心、娱乐活动中心、亲子乐园、知春园	海螺广场、娱乐活动中心、反思空间、思想的世界、民俗文化广场、科技沙龙剧场、中国科技发展剪影画廊、数码时代广场

资料来源：青岛贮水山城市绿谷更新规划文本。
南京林业大学风景园林学院。
表格自绘。

8.6　本章小结

本章围绕城市公园绿地有机更新双赢性发展目标，展开论述。首先，对中国城市公园绿地更新中人的需求与保护自然两者产生的矛盾进行揭示和剖析，分类说明只注重人的需求而忽视保护自然所引起的更新误区，提出应以保护自然为前提进行城市公园绿地有机更新的双赢性发展建设。

第二，介绍支撑城市公园绿地有机更新双赢性发展目标的基础理论，即遵循自然、和谐相处理论和天人合一、人与天调理论。分析城市公园绿地有机更新双赢性发展的原则，包含尊重自然、顺应自然、保护自然原则及科学与人性的高度结合原则。

第三，总结城市公园绿地有机更新双赢性发展的规划方法，一方面，严格控制城市公园绿地的无序开发，限制其开发速度和规模；另一方面，加强城市公园绿地后期的科学管控，两种方法相辅相成，实现城市公园绿地有机更新的双赢性发展。

最后，以青岛贮水山城市绿谷有机更新为例，分析其更新定位、更新理念、景观特征分类、景观结构更新、景观维护标准中所体现的诸多细节，总结该案例在双赢性发展方面的成功经验，佐证城市公园绿地有机更新双赢性发展目标的理论与实践价值。

参考文献

[1] [美]威廉·S·桑德斯 主编. 设计生态学——俞孔坚的景观[M]. 北京：中国建筑工业出版社，2013.

[2] 赵梦. 人与自然的双赢——苏黎世锡尔河滨河地区景观更新规划研究[J]. 中国园林，2012，(2)：37-41.

[3] 杨锐. 美国国家公园体系的发展历程及其经验教训[J]. 中国园林，2001，(1)：62-64.

第9章 结 语

城市公园绿地是城市的重要组成部分，具有游憩、景观、生态、教育、减灾等多重功能，是城市现代文明的标志。现今，传统模式的城市公园绿地面临着空前危机，已难于满足现代人多方位需求，呈现“综合老化”现象。随着社会政治、经济、文化的发展和人们对公共生活期望的提高，“综合老化”的城市公园绿地将面临不断更新，以适应不同时期、不同使用者的需求。

长期以来，中国城市公园绿地更新不乏成功的案例。但总体看来，对于城市公园绿地更新的研究还没有达到完整的系统层次，一般仅停留在微观的物质要素更新，更新过程中存在的诸多理念误区、操作失误等缺憾，使得城市公园绿地不能充分发挥其多元效益，维持长久生命力。传统的城市公园绿地更新理论和方法，已经难以满足现代需求。而此时，“有机更新”理论的借鉴和研究显得别具意义。如何总结出一套更具针对性和操作性的城市公园绿地有机更新理论体系与实践操作模式，成为目前风景园林工作的一个重要课题。

基于此，本书研究在分析国内外城市公园绿地更新的相关理论及实践操作基础上，总结国外城市公园绿地更新的经验，重点分析中国城市公园绿地更新取得的成绩与存在不足，揭示出中国城市公园绿地更新面临的“五大基本矛盾”。本书进而明确定义城市公园绿地有机更新的基本概念，对影响其的相关因素及推动因素进行剖析，提出实现城市公园绿地有机更新的“五大发展目标”，即可持续性发展、整体性发展、特色性发展、生态性发展和双赢性发展，并深入研究实现各个目标的实现意义、理论依据、发展特征、发展原则和规划方法，形成一套完整、可供借鉴的城市公园绿地有机更新理论体系和实践操作模式。

本书的主要结论、创新点、不足之处和未来研究展望概括如下：

9.1 主要结论

（1）本书通过分析国内外城市公园绿地更新的相关理论及实践操作，总结国外城市公园绿地更新的经验，重点分析中国城市公园绿地更新取得的成绩与存在的不足，揭示出中国城市公园绿地更新面临的“五大基本矛盾”，即短期更新与长远规划的矛盾、局部更新与整体谋划的矛盾、时代共性与场地个性的矛盾、人工设计与生态恢复的矛盾、人的需求与保护自然的矛盾。

（2）本书对与城市公园绿地有机更新的相关概念进行收集和梳理，对“有机思想”在建筑学科、城市规划学科中的应用进行研究，进而定义城市公园绿地有机更新的基本概念、影响因素及推动因素。在此基础上，提出了城市公园绿地有机更新的目标为实现“五大发展目标”，即实现可持续性发展、实现整体性发展、实现特色性发展、实现生态性发展和实现双赢性发展，五大发展目标为中国城市公园绿地有机更新的科学发展目标。

（3）本书分章节重点研究以长远规划为前提进行城市公园绿地有机更新的可持续性发展。介绍支撑城市公园绿地有机更新可持续性发展目标的基础理论及其特征，总结出规划方法，即将具有战略前瞻的总体规划，实事求是的分期实施，与时俱进的适时调整三者相结合。

（4）本书分章重点研究以整体谋划为前提进行城市公园绿地

有机更新的整体性发展。介绍支撑城市公园绿地有机更新整体性发展目标的基础理论及其特征，总结出规划方法，即先从微观层面，对公园单体实行开放式管理，使其溶解于城市环境，再从中观层面，梳理城市内部资源，分层次规划城市公园绿地种类，最终从宏观层面，整合城市资源，将公园绿地联网成片，实现其整体性发展。

（5）本书分章节重点研究以保持场地个性为前提进行城市公园绿地有机更新的特色性发展。介绍城市公园绿地有机更新场地个性特色的分类，总结出规划方法，即一方面，以发现的眼光，保护场地特有资源，实现场地特色的苏醒；另一方面，提炼场地绿脉和文脉，进行艺术创新，实现场地特色的升华。

（6）本书分章节重点研究以生态恢复为前提进行城市公园绿地有机更新的生态性发展。介绍支撑城市公园绿地有机更新生态性发展目标的基础理论及遵循原则，总结出 3 种规划方法，对拥有不可再生的珍贵自然资源的场地，应留白 + 保护；对生态环境遭遇人为破坏的场地，应引导 + 恢复；对具有强大生命力的生态资源的场地，应利用 + 做功。

（7）本书分章节重点研究以保护自然为前提进行城市公园绿地有机更新的双赢性发展。介绍支撑城市公园绿地有机更新双赢性发展目标的基础理论及遵循原则，总结出规划方法，即一方面，严格控制城市公园绿地的无序开发，限制其开发速度和规模；另一方面，加强城市公园绿地后期的科学管控，满足人的合理需求。

9.2 主要创新点

本书的主要创新之处可以概括为两点：

（1）本书首次将“有机更新”理论引入城市公园绿地更新领

域，明确定义城市公园绿地有机更新的基本概念，为中国城市公园绿地的更新提出了一个新的研究课题，提供了一个新的观察视角，开启了一个新的操作界面。

（2）本书紧贴实际，针砭时弊，立足当前，着眼未来，归纳揭示了当今中国城市公园绿地更新所面临的“五大基本矛盾”，进而提出实现城市公园绿地有机更新的“五大发展目标”，并深入研究实现各个目标的实现意义、理论依据、发展特征、发展原则和规划方法，形成一套完整的、可供借鉴的城市公园绿地有机更新理论体系和实践操作模式，对目前风景园林领域既具理论创新意义，又具实践指导意义。

9.3 不足之处

（1）本书牵涉到风景园林学、城市规划学、植物学、美学、生态学等交叉学科，由于笔者专业背景的限制以及研究能力有限，目前只能寻求在自己专业内的创新和突破，尚有许多方面的研究未能涉及，文中缺憾在所难免，待于今后随着研究的深入进行补充和修正。

（2）本书对城市公园绿地有机更新的理论研究尚处于宏观层面，以制定规划目标为基础，注重单个目标的实现意义、理论依据、发展特征、发展原则和规划方法的总结，规划研究的整体框架有待于进一步细化和完善。

（3）本书的对象：城市公园绿地，尚未能做到因类而异，如对不同地域（南方、北方）、不同地形（山地、平原）、不同规模（大型、中小型）等有针对性的分析和研究，有待于在今后的研究中进一步深入。

（4）对于城市公园绿地有机更新的实践操作，由定性到定量是必然，也是评价与论证的实际需要。本书重点在于定性，而对于定量，还有待依靠更多的计算机软件和科学的方法，从理论研究和实践总结中去深入。

（5）鉴于对城市公园绿地有机更新的理论研究和实践操作所处阶段，再加上笔者研究和参与的优秀案例和实际项目数量有限，因此，在本书提及的相关实践案例的代表性上略显不足，还需在今后其他不同类型的城市公园绿地有机更新中，不断总结和创新，丰富发展研究成果。

9.4 未来研究展望

（1）纵横深入，科学整合，注重国情

纵横深入，即对中国城市公园绿地有机更新的理论方法、实践操作及代表性案例进行系统、深入的研究，总结已取得的经验和存在问题；与此同时，科学整合国外城市公园绿地更新的先进理念、实践经验和优秀案例，进行剖析和总结，予以借鉴和学习，加速中国其相关领域的研究进程，并指导规划建设。

未来的研究要符合中国城市规划建设的精髓——构建有中国特色城市公园绿地有机更新的理论和实践体系，做到纵横深入，科学整合，有预见性、创新性地探索适合于中国国情的城市公园绿地有机更新的理论方法和实践模式。

（2）细化目标，修正内容，寻求突破

城市公园绿地有机更新的“五大发展目标”是在长期的“实践——理论——实践”中完善的，它应随着理论研究的深入和此类实践项目建设的经验总结，实现对每个发展目标的理论要点和实践方法的不断细化和修正。

此外，位于城市建成区范围之外的其他绿地，也是城乡一体化的城市绿地系统规划重要组成部分，尤其是近些年来处于建设高潮的湿地公园和郊野公园，应针对其特点，打破城市建成区界限，科学合理的以市域界限为范围，寻求城市公园绿地有机更新理论和方法的突破。

城市公园绿地有机更新的规划、设计、建设、保护、管理等问题都较为复杂，具体实施难度大，有必要针对如何提高政府的管理水平、各相关部门协作能力及制定法律法规、行业标准等，进一步明确、规范各环节的具体实施。

（3）先进科学技术的应用

在城市公园绿地有机更新的研究中，要积极引入先进科学技术，提高研究成果的科学性和可操作性。比如，运用3S技术，根据研究城市的航空照片和高分辨率卫星影像数据，以遥感影像（RS）、全球卫星定位系统（GPS）为信息源，以地理信息系统（GIS）为平台的城市绿地系统数字化管理技术的应用，进行城市公园绿地的现状分析、数据统计等，为进一步的规划研究提供更加客观、翔实的基础资料。

本书仅为城市公园绿地有机更新研究的初级阶段，后继研究还具更大的空间和更高的目标。未来的历程仍很漫长，但是，探索的责任崇高、使命永恒！

参考文献（按类型排序）

专著及编著类：

[1] 吴良镛 . 北京旧城与菊儿胡同 [M]. 北京：中国建筑工业出版社，1994.

[2] [美]C·亚历山大等著，王昕度，周序鸿 译 . 建筑模式语言（上）[M]. 北京：知识产权出版社，2002.

[3] [英]Ian Stewart 著,蔡信行 译.生物界的数学游戏[M].台北:天下文化出版社,2000.
[4] [明]计成(著).陈植(注释).园冶[M].北京:中国建筑工业出版社,1988.
[5] 许浩 编著.国外城市绿地系统规划[M].北京:中国建筑工业出版社,2003.
[6] 孟刚,李岚,李瑞冬,魏枢编著.城市公园设计[M].上海:同济大学出版社,2003.
[7] 王晓俊 编著.西方现代园林设计[M].南京:东南大学出版社,2000.
[8] [加]艾伦·泰特 著.周玉鹏 等译.城市公园设计[M].北京:中国建筑工业出版社,2005.
[9] 崔文波 著.城市公园恢复改造实践[M].北京:中国电力出版社,2008.
[10] 刘晓彤 著.传承·整合与嬗变——美国景观设计发展研究[M].南京:东南大学出版社,2005.
[11] 全国城市规划执业制度管理委员会.城市规划原理[M].北京:中国建筑工业出版社,2000.
[12] 中国大百科全书(建筑、园林、城市规划分册)[M].北京:中国大百科全书出版社,1991.
[13] (西)弗朗西斯科·阿森西奥·切沃 编著.龚恺译.城市公园[M].南京:江苏科学技术出版社,2002.
[14] 孟刚,李岚,李瑞冬,魏枢 编著.城市公园设计[M].上海:同济大学出版社,2003.
[15] 林乐建等.造园[M].台北:地景出版社,1995.
[16] 中国社会科学院语言研究所词典编辑室编.现代汉语词典(2002年增补本)[M].北京:商务印书馆,2002.
[17] 中国大百科全书编委会编.中国大百科全书(建筑-园林-城市规划卷)[M].北京:中国大百科全书出版社,1985.

[18] 辞海缩印本 [M]. 上海：上海辞书出版社，1979.

[19] 刘易斯 . 芒福德著 . 倪文彦，宋峻岭译 . 城市发展史 [M]. 北京：中国建筑工业出版社，1989.

[20] 叶毅，吴钦照主编 . 建筑大辞典 [M]. 北京：地震出版社，1992.

[21] 吴良镛 著 . 人居环境科学导论 [M]. 北京：中国建筑工业出版社，2001.

[22] [美] 约翰· O· 西蒙兹著 . 俞孔坚，王志芳，孙鹏译 . 景观设计学——场地规划与设计手册 [M]. 北京：中国建筑工业出版社，2000.

[23] [美] 伊利尔· 沙里宁著 . 顾启源 译 . 城市——它的发展、衰败与未来 [M]. 北京：中国建筑工业出版社，1986.

[24] 万勇著 . 旧城的和谐更新 [M]. 北京：中国建筑工业出版社，2006.

[25] 梁思成著 . 北京——都市计划的无比杰作《梁思成文集》第四卷 [M]. 北京：中国建筑工业出版社，1986.

[26] [美] 刘易斯·芒福德著 . 宋俊岭，倪文彦译 . 城市发展史——起源、演变和前景 [M]. 北京：中国建筑工业出版社，2005.

[27] 吴良镛著 . 北京宪章 [M]. 北京：中国建筑工业出版社，1999.

[28] [日] 黑川纪章著 . 郑时龄 译 . 共生的思想 [M]. 北京：中国建筑工业出版社，1997.

[29] 金炳华 著 . 哲学大辞典分类修订本（下）[M]. 上海：上海辞书出版社，2007.

[30] 蒋志刚，马克平 . 韩兴国 主编 . 保护生物学 [M]. 杭州：浙江科学技术出版社，1997.

[31] [美]威廉·S·桑德斯 主编 . 设计生态学——俞孔坚的景观 [M]. 北京：中国建筑工业出版社，2013.

[32] [美] I.L· 麦克哈格 著，芮经纬译 . 倪文彦校 . 设计结合自然 [M]. 北京：中国建筑工业出版社，1992.
[33] 李一，田敦，李朝阳编 . 石涛山水画风 [M]. 重庆:重庆出版社，1995.
[34] Jacobs, J. The Death andLife of Great American Cities[M]. New York: Random House, 1961.
[35] ElielSaarinen.The city, its growth, its decay, its future [M]. Cambridge, Mass., M.I.T. Press, 1965.
[36] ElielSaarinen.The city, its growth, its decay, its future [M]. Cambridge, Mass., M.I.T. Press , 1965.
[37] Benedict M A, McMahon E T. Green Infrastructure: Smart Conservation for the 21st Century [M]. Washington DC: Sprawl Watch Clearinghouse, Monograph Series, 2000.
[38] Timothy J. Gilfoyle. Creating a chicago landmark: Millennium Park[M].Chicago: The university of Chicago Press, 2006.
[39] Alexander Garvin. Public parks: The key to livable communities[M].New York and London: W. W.Norton & Company Press, 2010.
[40] Canizaro, Vincent B. Architectural regionalism: collected writings on place, identity, modernity, and tradition [M]. New York: Princeton Architectural Press, 2007.
[41] Anne Whiston Spirn. The Language of Landscape[M]. New Haven: Yale University Press, 2000.
[42] Xiaodong Wang. “The Change of city Concept” in Eduard Kogel and Ulf Meyer, eds, The Chinese City: Between Tradition and Modernism[M].Berlin: Jovis Publishers 2000.

期刊类（中文）:

[1] 魏薇，刘彦．东西方城市公园绿地系统比较——以波士顿和杭州为例 [J]. 华中建筑，2011，1（4）: 101-104.

[2] 汤影梅．纽约中央公园 [J]. 中国园林，1994，10（4）: 36-38.

[3] 左辅强．纽约中央公园适时更新与复兴的启示 [J]. 中国园林，2005，（7）: 68-71.

[4] 郭宗志，盛摘．浅谈北陵公园改造设计 [J]. 沈阳大学学报，2002，14（4）: 51-53.

[5] 焦胜，曾光明．城市公园的复合开发研究初探 [J]. 南方建筑，2003，（9）: 70-72.

[6] 李丽．自然景观模式的城市公园改造综合分析——以济南大明湖公园改扩建为例 [J]. 中国园林，2003，（10）: 69-72

[7] 陶敏．中小型城市传统公园的适时更新——以江苏省泰州市泰山公园改造设计为例 [J]. 小城镇建设，2004（4）: 34-37.

[8] 曾涛，周安伟．常德市诗墙外滩公园改造详细规划 [J]. 南方建筑，2006，（10）: 25-27.

[9] 金梅湘．尊重人文特色，重塑现代公园——汕头市中山公园的改造规划设计 [J]. 广东园林，2004，（2）: 23-26.

[10] 石少峰．“顺其自然”的设计——中山公园改造工程启示 [J]. 山东建筑工程学院学报，2005，20（1）: 16-19.

[11] 李静，张浪．景观外貌生态内涵——合肥瑶海公园植物景观规划构思剖析 [J]. 安徽农学通报，2006，12（7）: 65-67.

[12] 谢凌姝，罗靖．浅议成都市城市设计的问题与出路 [J]. 四川建筑，2007，27（5）: 31-32.

[13] 李惠军．传统城市公园的景观现代化之路——重庆市大渡口区城市中心公园景观设计 [J]. 规划师，2006，22（1）: 25-28.

[14] 褚伟良．公园改建工程中对原绿地的再利用与生态更新 [J].

建筑施工，2006，28（10）：831-833.

[15] 肖丽，黄一亮．重庆市人民公园改造投标方案介绍及启示[J]. 重庆建筑，2006，（6）：20-23.

[16] 杨洪波．传承与发展——南郊公园总体规划[J]. 中外建筑，2007，（8）：6-10.

[17] 裴小明．基于周边环境变迁的综合公园整合设计[J]. 华中建筑，2007，25（4）：38-40.

[18] 关延明，李周华．沈阳中山公园景观改造规划设计——兼谈对老公园改造的思考[J]. 技术与市场（园林工程），2007，（4）：11-13.

[19] 李大鹏．城市综合性公园改造与更新规划设计初探[J]. 山西建筑，2008，34（12）：11-12.

[20] 陈名虎．资源保护、历史延续与景观重塑再生——湘潭市雨湖公园改造工程规划设计[J]. 林业科技开发，2008，（22）：107-111.

[21] 邵花．浅谈儿童公园的改造设计与构思[J]. 广西城镇建设，2008，（5）：116-117.

[22] 邹先平．浅析城市公园在改造过程中的功能定位——以株洲市"文化园"提质改造为例[J]. 今日科苑，2008，（14）：227.

[23] 陈柏球．旧城区公园改造规划设计初探——以邵阳市双清公园改造规划为例[J]. 中外建筑，2009，（8）：97-98.

[24] 陈志翔．修旧为创新，整合求转型——杜伊斯堡内港公园改造[J]. 现代城市研究，2006，（3）：80-88.

[25] 崔柳，陈丹．近代巴黎城市公园改造对城市景观规划设计的启示[J]. 沈阳农业大学学报，2008，10（6）：738-742.

[26] 王富海，谭维宁．更新观念——重构城市绿地系统规划体系[J]. 风景园林 .2005，（4）：23-25.

[27] 林菁等.欧美现代园林发展概述[J].建筑师，1998，10（6）：103.

[28] 刘学军.关于景观建筑学的基本要点分析[J].南方建筑，2003，（4）：1-3.

[29] 徐波,赵锋,李金路.关于“公共绿地”与“公园”的讨论[J].中国园林，2001，（2）：6-10.

[30] 许浩.对日本近代城市公园绿地历史发展的探讨[J].中国园林，2002，（3）：57-60.

[31] 林坚，杨志威.香港的旧城改造及其启示[J].城市规划，2000，（7）：50-51.

[32] 郑丽蓉，唐晓敏，车生泉.现代城市公园发展的困境及策略探讨——以上海为例[J].上海交通大学学报，2003，21（12）：78.

[33] 陈圣泓.共生与秩序——江苏学政衙署江阴中山公园设计方法与理论研究[J].理想空间，2005，（8）：21-23.

[34] 吴良镛.历史文化名城的规划结构——旧城更新与城市设计[J].城市规划，1983，（6）：2-12.

[35] 柏春.城市景观可持续发展初析[J].城市研究，2000，（3）：28-30.

[36] 曾昭奋.有机更新：旧城发展的正确思想——《北京旧城与菊儿胡同》读后[J].新建筑，1996，（2）：33-34.

[37] Witold Rybczynski 著.陈伟新译.纽约中央公园150年演进历程[J].国外城市规划，2004，19（2）：65-70.

[38] 毛小岗，宋金平，杨鸿雁，赵倩.2000-2010年北京城市公园空间格局变化[J].地理科学进展.2012，31（10）：1295-1306.

[39] 白丹，闫煜涛.论园林中灰空间与人性场所的营造[J].西北林学院学报，2009，24（3）：185-189.

[40] 赵鹏，李永红.归位城市，进入生活——城市公园开放性的

达成 [J]. 中国园林，2005，(6): 40–43.
[41] 傅凡，赵彩君 . 分布式绿色空间系统：可实施性的绿色基础设施 [J]. 中国园林，2010，(10): 22–25.
[42] 李延明 . 北京城市园林绿化生态效益的研究 [J]. 城市管理与科技，1999，1 (1): 24–27.
[43] 刘娇妹，李树华，杨志峰 . 北京公园绿地夏季温湿效应 [J]. 生态学杂志，2008，27 (11): 1972–1978.
[44] 王晓俊 . 地域· 场地· 空间——南京溧水城东公园设计的一些思考 [J]. 中国园林，2011，(11) .14–17.
[45] 张媛 . 我国城市园林绿地教育功能变迁的探讨 [J]. 中国园林，2012 (12): 87–90.
[46] 裴丹 . 绿色基础设施构建方法研究述评 [J]. 城市规划，2012，36 (5): 87–90.
[47] 王贞，万敏 . 低碳风景园林营造的功能特点及要则探讨 [J]. 中国园林，2010 (6): 35–38.
[48] 仇保兴 . 推广节约型园林绿化促进城市节能减排 [J]. 建筑装饰材料世界，2007，(11): 10–14.
[49] 俞孔坚，刘玉杰，刘东云 . 河流再生设计——浙江黄岩永宁公园生态设计 [J]. 中国园林，2005，(5): 1–7.
[50] 俞孔坚，石春，林里 . 天津桥园：生态系统服务导向的城市废弃地修复 [J]. 现代城市研究，2009 (7): 18–22.
[51] 仇保兴 . 我国低碳生态城市建设的形势与任务 [J]. 城市规划，2012，36 (12): 9–13.
[52] 陈波，包志毅 . 生态恢复设计在城市景观规划中的应用 [J]. 中国园林，2003，(7): 44–46.
[53] 仇保兴 . 科学谋划 开拓创新 全面加强城市湿地资源保护 [J]. 中国园林，2012，(12): 5–8.

[54] 赵梦 . 人与自然的双赢——苏黎世锡尔河滨河地区景观更新规划研究 [J]. 中国园林，2012，(2): 37-41.

[55] 杨锐 . 美国国家公园体系的发展历程及其经验教训 [J]. 中国园林，2001，(1): 62-64.

[56] 俞孔坚，李迪华 . 可持续景观 [J]. 城市环境设计 .2007，(1): 7-12.

[57] 陈跃中 . 大景观—— 一种整体性的景观规划设计方法研究 [J]. 中国园林，2004，(11): 11-15.

期刊类 (英文):

[1] Galen Cranz. Women in Urban Parks [J]. Women and American City, 1980, 11 (3): 79- 95.

[2] Mary Voelz Chandler. Gender art spans 35 years[J].Rocky Mountain News, 2005, (1): 8.

[3] Carla Cicero .The Marin County Breeding Bird Atlas[J]. A Distributional and Natural History of Coastal California Birds, 1995, 112 (2): 530-533.

[4] Martin F.Quigley.Reducing Weeds in Ornamental Groundcovers under Shade Trees through Mixed Species Installation[J]. Hort Technology, 2003, 13 (1): 85-89.

[5] JamesHitchmough.Establishing North American prairie vegetation in urban parks in northern England[J]. Landscape and urban Planning, 2004, 66 (2): 75-90.

[6] Stefan Schindler.Towards a core set of landscape metrics for biodiversity assessments: A case study from Dadia National Park, Greece[J].Ecological Indicators, 2008,8 (5): 502-514.

[7] Dicle Oguz. Remaining tree species from the indigenous vegetation of Ankara, Turkey[J]. Landscape and Urban Planning, 2004, 68 (4): 371-388.

[8] Kira Krenichyn. The only place to go and be in the city: women talk about exercise, being outdoors, and the meanings of a large urban park[J]. Health & Place, 2011, (12): 631-643.

[9] Dicle H.Ozguner.User surveys of Ankara' s urban parks[J]. Landscape and Urban Planning, 2010, 52 (2): 165-171.

[10] Susan H.Babey.Physical Activity Among Adolescents[J]. American Journal of Preventive Medicine, 2008, 34 (4): 345-348.

[11] Andrej Christian.Improving contract design and management for urban green-space maintenance through action research[J]. Urban Forestry & Urban Greening, 2012, 7 (2): 77-91.

[12] Witold Rybczynski. New York's Rumpus Room[J]. New York Times, 2003.

[13] Shashua-Bar L, Swaid H, Hoffman M E.On the correct specification of the analytical CTTC model for predicting the urban canopylayer temperature[J]. Journal of Energy and Buildings, 2004, 11 (9): 975-978.

[14] Jauregui E. Influence of a large urban park on temperature and convective precipitation in a tropical city[J]. Journal of Energy and Buildings, 1990/1991 (15/16): 457-463.

[15] Spronken-Smith R A, Oke T R. The thermal regime

of urban parks in two cities with different summer climates[J]. International Journal of Remote Sensing, 1998, 12(19): 2085-2104.

[16] Elisabeth Meyer. "Sustaining Beauty: The performance of Apperance" [J].Landscape Architecture.2008, (3): 16.

[17] MartinF.Quigley.Franklinpark: 150 years of changing design, disturbance and impact on tree grouth[J].Urban Ecosystems, 2002, 22(6): 223-235.

[18] Maas J, Dillen S M, Verheij R A, Groenewegen P P. Social contacts as apossible mechanism behind the relation between green space and health[J]. Health & Place, 2009, 22(15): 586-595.

论文类：

[1] 吴鹏.城市公园改造中文化的延续——以南昌市人民公园改造项目为例[D].长沙：中南林业科技大学，2009.

[2] 徐然.山地城市中心区公园改造规划研究——以重庆市人民公园改造为例[D].重庆：重庆大学，2011.

[3] 刘然.城市旧公园改造研究——以天津城市公园为例[D].天津：天津大学，2011.

[4] 裘鸿菲.中国综合公园的改造与更新研究[D].北京：北京林业大学，2009.

[5] 刘然.城市旧公园改造研究—以天津城市公园为例[D].天津：天津大学，2011.

[6] 吴靖.北京市公园改造设计现况研究[D].北京：中央美术学院，2012.

[7] 刘晓嫣.城市公园改造设计方法研究——以上海市徐汇康健园为例[D].上海：上海交通大学，2010.

[8] 赵杨 . 我国城市综合性公园开放后设计理念更新研究 [D]. 重庆：重庆大学，2008.
[9] 林凌，城市公园改造设计研究——以常州市为例 [D]. 杭州：浙江大学，2009.
[10] 肖娟 . 行为多样化下的城市综合公园改造研究——以湖南烈士公园为例 [D]. 长沙：湖南农业大学，2011.
[11] 包志毅 . 城市公园改造设计研究——以常州市为例 [D]. 杭州：浙江大学，2009.
[12] 李慧生 . 城市综合性公园改造若干问题初探 [D]. 北京：北京林业大学，2004.
[13] 关午军 . 重生 . 再利用 [D]. 重庆：重庆大学，2006.
[14] 罗正敏 . 城市综合性公园改造规划 [D]. 南京：南京林业大学，2007.
[15] 唐守宏 . 续建和扩建城市公园之景观衔接问题研究 [D]. 哈尔滨：东北农业大学，2007.
[16] 周成玲 . 城市旧公园改造设计研究 [D]. 南京：南京林业大学，2008.
[17] 潘晶华 . 哈市现有公园景观评价及改造的研究 [D]. 哈尔滨：东北林业大学，2008.
[18] 林凌 . 城市公园改造设计研究 [D]. 杭州：浙江大学，2009.
[19] 徐慧 . 论上海老公园改造指导思想 [D]. 上海：上海交通大学，2009.
[20] 吴鹏 . 城市公园改造中文化的延续——以南昌市人民公园改造项目为例 [D]. 长沙：中南林业科技大学，2009.
[21] 周波 . 城市公共空间的历史演变 [D]. 成都：四川大学，2005.
[22] 徐慧为 . 论上海老公园改造指导思想 [D]. 上海:上海交通大学，2009.

[23] 生茂林．地域性城市公园景观设计研究 [D]. 景德镇：景德镇陶瓷学院，2010.

[24] 江俊浩．城市公园系统研究 [D]. 成都：西南交通大学，2008.

[25] 高中岗．中国城市规划制度及其创新 [D]. 上海：同济大学博士学位论文，2007.

[26] 江俊浩．城市公园系统研究 [D]. 成都：西南交通大学，2008.

[27] 刘源．现代城市有机更新的适应性理论及方法探析 [D]. 重庆：重庆大学，2004.

[28] 徐倩．有机更新理论指导下的山地城市公园改造设计 [D]. 重庆：西南大学，2010.

[29] 贾超．"有机更新"理论在城市公园改造中的应用和探索 [D]. 福州：福建农林大学，2012.

[30] 梁旭方．解析赖特有机建筑思想及对中国当代建筑设计的启示 [D]. 长春：东北师范大学硕士论文，2009.

[31] 瞿志．北京城市公园体系研究及发展策略探讨 [D]. 北京：北京林业大学，2006.

[32] 陈蓉．现代城市绿地特色的营建 [D]. 南京：南京林业大学，2006.

[33] 徐慧为．论上海老公园改造指导思想——以杨浦公园为例 [D]. 上海：上海交通大学，2009.

法律法规类：

[1] 中华人民共和国国家标准．城市规划基本术语标准（GB/T 50280-1998）[M]. 北京：中国建筑工业出版社，1999.

[2] 中华人民共和国国家标准．风景园林基本术语标准（CJJ/T91-2017）[M]. 北京：中国建筑工业出版社，2017.

[3] 中华人民共和国国家标准．城市绿地分类标准（CJJ/T85-2018）[M]. 北京：中国建筑工业出版社，2018.

网络资料类：

[1] http://baike.baidu.com/view/36254.htm？ fr=ala0_1.

[2] 高雄市公园绿地发展计划规划案[EB/OL].http://edesign.fcu.edu.tw.1997.

[3] http://baike.baidu.com/

[4] Waxman S. The History of Central Park[EB/OL]. http://www.ny.com/articles/centralpark.html